W0257435

DIE TYPENTHEORIE

UND

DIE MOLEKULARFORMELN.

EINE ÜBERSICHT

FÜR STUDIRENDE DER CHEMIE

VON

Dr. THEOD. PETERSEN.

BERLIN, 1862.

VERLAG VON JULIUS SPRINGER.

ISBN 978-3-642-50615-4   ISBN 978-3-642-50925-4 (eBook)
DOI 10.1007/978-3-642-50925-4

Vorliegende übersichtliche Darstellung von einer Reihe theoretischer Anschauungen, welche in den letzten Jahren nicht nur in der organischen Chemie, sondern überhaupt in der Chemie allgemeinere Anerkennung gefunden haben, niederzuschreiben, dazu veranlasste mich vornehmlich das Bedürfniss vieler Studirenden der Chemie, die Resultate, welche aus den neueren Forschungen hervorgegangen, sich kurz in einem klaren Bilde vorgeführt zn sehen. Ich hatte im vorigen Sommer Gelegenheit, den Gegenstand in etwas beschränkterer Form einem Kreise junger Chemiker zu Carlsruhe in sechs Vorlesungen vorzutragen und sind aus meiner damaligen Disposition vorliegende Blätter entstanden.

Wie schwer sich nach einjährigem und selbst längerem Studium der allgemeinen Chemie der Studirende an die verschiedenen typischen Formulirungen und Vieles, was damit im Zusammenhange steht, gewöhnt, die Beobachtung kann oft genug gemacht werden, und doch ist, um den neuen Ansichten baldmöglichst in den weitesten Kreisen Eingang zu verschaffen, sehr zu wünschen, dass der mit der Chemie sich Beschäftigende so manches Werthvolle, was in den neueren Werken und Zeitschriften enthalten, nicht als „unverständlich" bei Seite lege, sondern sich aneigne.

Ich habe versucht, in den folgenden Blättern gewissermassen eine „Einleitung in das formelle Studium der neuen Theorien" zu geben, und weit entfernt, den Gegenstand in so kurzer Behandlung erschöpfend dargestellt zu haben, wird es mir eine grosse Befriedigung sein, angehenden Chemikern etwas Nützliches geboten und sie zum fleissigen Gebrauche neuerer Schriften aufgemuntert zu haben. Ich glaube an diesem Orte unter Anderem namentlich den unlängst erschienenen und im Folgenden besonders berücksichtigten, allgemeinen Theil von Kékulé's Lehrbuch der organischen Chemie nennen zu dürfen.

Da zweckmässige Beispiele so viel zum Verständniss theoretischer Sätze beitragen, so habe ich auf deren Wahl einen besonderen Werth gelegt, Kenntniss der allgemeinen Chemie indessen natürlicherweise voraussetzen müssen.

Inhalt.

—

I. Einleitung.

1.

Dem Studium der organischen Chemie haben viele ausgezeichnete Chemiker mit besonderer Vorliebe in der neueren Zeit obgelegen.

Die Anzahl der bekannten und beschriebenen organischen Verbindungen ist bereits eine so bedeutende geworden, dass die Bekanntschaft mit dem ganzen Material dem Chemiker kaum mehr möglich ist. Aber aus vielen übereinstimmenden Beobachtungen bilden sich allgemeine Regeln, mit einander harmonirende Thatsachen lassen sich generalisiren, und so ist es möglich gewesen, eine grosse Zahl der besser untersuchten Körper nach Gruppen zu vereinigen, deren Glieder gewisse allgemeine Reactionen und Eigenschaften gemeinsam haben, sogar für einzelne noch nicht bekannte Glieder einer Gruppe oder Reihe gewisse Eigenschaften mit grosser Wahrscheinlichkeit im Voraus zu bestimmen und die Bestätigung, wenn die betreffenden Verbindungen überhaupt dargestellt werden, zu erwarten.

Nicht zu verwundern ist es daher, dass viele beim Studium der organischen Verbindungen gewonnenen Resultate auch in der unorganischen Chemie ihre Anwendung gefunden und beide Disciplinen sich enger aneinander geschlossen haben, so zwar, dass die seiner Zeit beliebte Grenze zwischen unorganischer und organischer Chemie in Wirklichkeit nicht mehr besteht.

Das eine Element geht mannichfaltigere Verbindungen ein wie das andere, der Kohlenstoff die allerzahlreichsten.

Die organische Chemie diejenige der zusammengesetzten Radicale zu nennen, dieser Begriff ist nach unseren gegenwärtigen Ansichten ein ganz vager.

Man kennt jedoch keinen sogenannten organischen Körper, in welchem nicht Kohlenstoff enthalten wäre, während von anderen Elementen bald das eine, bald das andere vorhanden ist, kein Wunder daher, wenn man die organische Chemie jetzt Chemie der Kohlenstoffverbindungen nennt, sie nur als ein besonderes Gebiet der allgemeinen Chemie betrachtet und den alten Namen nur aus alter Gewohnheit beibehält.

Einige Kohlenstoffverbindungen rechnete man früher gewöhnlich der unorganischen Chemie bei, so namentlich Kohlensäure, Kohlenoxyd und Cyan. Es sei hier nur darauf aufmerksam gemacht, dass der Harnstoff aus den Elementen des cyansauren Ammoniaks durch Umlagerung entsteht und derselbe andererseits als das Amid der Kohlensäure betrachtet werden kann:*) So wird auch für erwähnte Körper keine Ausnahme gelten können.

Verbindungen, welche im pflanzlichen oder thierischen Organismus gebildet werden, sind allerdings noch nicht in sehr grosser Anzahl künstlich aus den Elementen zusammengesetzt worden, doch sind ausgezeichnete Beispiele bekannt, und es mehrt sich ihre Zahl täglich, so dass auch von dieser Seite der Chemiker keinen Grund findet, einen Theil der chemischen Wissenschaft besonders abzugrenzen.

2.

Möge an diesem Orte, um zu zeigen, zu wie complicirten Verbindungen man, von einfachen Körpern ausgehend, gelangen kann, ein Beispiel seinen Platz finden.

1. Schwefel und Kohle können leicht zu Schwefelkohlenstoff verbunden werden: $C^2 + S^4 = C^2S^4$.

2. Wird Schwefelkohlenstoff mit feuchtem Chlor behandelt, so resultirt unter Anderem die Chlorverbindung eines

---

*) $NH^4 . Cy . O^2 = C^2H^4N^2O^2$

$C^2H^4N^2O^2 = 2\,NH^2 . C^2O^2$

zusammengesetzten Radicals, das Chlorür der sogenannten trichlormethylschwefligen Säure (Berzelius und Marcet 1813):

$$C^2S^4 + 12\,Cl + 4\,HO =$$

$$= \left.\begin{array}{l} C^2Cl^3S^2O^4 \\ Cl \end{array}\right\} + S^2Cl^4 + 4\,HCl.$$

3. Vorliegende Chlorverbindung kann durch Behandlung mit Kali in das Kaliumsalz der trichlormethylschwefligen Säure verwandelt werden:

$$\left.\begin{array}{l} C^2Cl^3S^2O^4 \\ Cl \end{array}\right\} + 2\,KOHO =$$

$$C^2Cl^3S^2O^4 \cdot K \cdot O^2 \;(C^2Cl^3S^2O^5 \cdot KO) + KCl + 2\,HO.$$

4. Die 3 Chlor der trichlormethylschwefligen Säure können gegen Wasserstoffatome ausgetauscht werden.

Die wässerige Lösung der trichlormethylschwefligen Säure wird durch Behandlung mit Kaliumamalgam je nach der Dauer der Einwirkung in

$C^2HCl^2S^2O^5 \cdot HO$ (bichlormethylschweflige Säure),

$C^2H^2ClS^2O^5 \cdot HO$ (chlormethylschweflige Säure),

$C^2H^3 \;\; S^2O^5 \cdot HO$ (methylschweflige Säure)

verwandelt. Das Kaliumamalgam bewirkt Wasserstoffentwickelung, 2 H bilden mit je 1 Cl: $HCl + H$, welches an Stelle des Cl in die Verbindung tritt.

5. Wir sind so zu einer Methylverbindung gelangt. Die methylschweflige Säure ist durch chemische Agentien leicht zersetzbar; bauen wir daher mit einer andern Methylverbindung weiter.

Das Cyanmethyl $C^2H^3 \cdot Cy$ giebt beim Behandeln mit wässerigen Alkalien Essigsäure und Ammoniak unter Aufnahme von Wasser:

$$\left.\begin{array}{l} C^2H^3 \\ C^2N \end{array}\right\} + 4\,HO = C^4H^4O^4 + NH^3.$$

6. Essigsaure Salze (wie essigsaurer Kalk) geben beim Erhitzen sogenanntes Aceton:

$$2(C^4H^3O^3 \cdot CaO) = 2\,CaO \cdot C^2O^4 \text{ (kohlensaurer Kalk)}$$
$$+ C^6H^6O^2 \text{ (Aceton)}.$$

7. Aceton liefert beim Erhitzen mit Aetzkalk u. A. eine eigenthümliche Verbindung Phoron $C^{18}H^{14}O^2$, welcher letzteren

durch wasserfreie Phosphorsäure $2HO$ entzogen werden können; es bleibt der Kohlenwasserstoff Cumol $C^{18}H^{12}$ (Fittig).

Endlich giebt:

8. Cumol bei der Oxydation mit Salpetersäure Benzoesäure:*) $C^{14}H^6O^4$.

Nicht so leicht gelingt es dem Chemiker, wie schon oben angedeutet worden, Stoffe des lebenden Organismus künstlich zu erhalten, aber seit Wöhler auf einfache Weise den Harnstoff darzustellen gelehrt (1828), ist auch auf diesem Gebiete die Bahn gebrochen.

In neuester Zeit waren die ausgezeichneten Beobachtungen Pasteur's über die Gährung wieder ein Beweis des Fortschritts. Pasteur brachte Zucker, ein Ammoniaksalz (rechts weinsaures Ammoniak), ein phosphorsaures Salz mit einer Spur frischer Bierhefe zusammen und siehe, es bildeten sich ohne äusseren Einfluss nicht nur die bekannten Gährungs-Produkte des Zuckers, Kohlensäure und Alkohol, mehrere organische Säuren, Glycerin und neue Hefesubstanz, sondern in dem Maasse, wie Ammoniak und Phosphate verschwanden, auch Albuminkörper.

3.

Der Chemiker wird nicht müde zu forschen, zu beobachten. Wenn auch eine gewisse Sucht nach neuen Verbindungen, bei Hintansetzung der näheren Erkenntniss von bereits Bekanntem nicht gerechtfertigt werden kann, so ist andererseits wohl anzuerkennen, dass wir gerade den vielseitigen Untersuchungen nach allen Richtungen hin und der geschickten Combination des Beobachteten die rasche Entwickelung der Wissenschaft in der Neuzeit verdanken.

Man betrachtet das Glycerin, den allgemeinen Bestandtheil der natürlichen Fette, jetzt als dreiatomigen oder dreibasischen Alkohol, und werden wir später noch auf denselben zurückkommen. Eine grosse Anzahl von Verbindungen mit den verschiedensten

----

*) Und zwar nitrirte Benzoesäure $C^{14}H^5(NO^4)O^4$.

Säuren hat uns Berthelot kennen gelehrt, welcher zeigte, dass sich 1 Mol. Glycerin mit 1, 2 und 3 Mol. einbasischer, mit 1 Mol. zweibasischer, mit 1 Mol. einbasischer und 1 Mol. zweibasischer und mit 1 Mol. dreibasischer Säure verbinden kann. Wird die Zahl der bekannten einbasischen Säuren zu beiläufig 1000 angenommen, so ist es möglich, mit dem Glycerin $1000 + 1000^2 + 1000^3 = 1.001.001.000$ Combinationen nur mit den einbasischen Säuren zu bilden. Es sind freilich im Verhältniss zu dieser grossen möglichen Zahl erst wenige Verbindungen des Glycerins mit Säuren dargestellt worden, aber das ausführlichere Studium des so interessanten Körpers hat doch zu sehr mannichfaltigen Betrachtungen und Schlüssen Veranlassung gegeben.

Die Erfahrung hat gelehrt, dass unzersetzt flüchtige Körper in Dampfform einen ganz bestimmten Raum einnehmen. Es waren wieder die sehr zahlreichen Beobachtungen, welche zur Erkenntniss dieser Regel geführt haben, einer Regel, welche einen so vortrefflichen Anhaltspunkt zur Beurtheilung der molekularen Zusammensetzung, der Verbindungsgrösse darbietet.

So sind die erstaunlichen Fortschritte der Neuzeit rasch heraufgewachsen. Einzelne neu entdeckte Thatsachen wurden sogleich nach allen Richtungen hin ausgebeutet, das Detail aber in zweckmässiger Weise geordnet. Die exacte chemische Wissenschaft ist vor wenigen Jahrzehnten geboren; aber durch den reissenden Culturfortschritt unseres Jahrhunderts ist sie wie ihre Schwester, die Technik, mit solchen Mitteln ausgerüstet worden, dass sie schon in jugendlichem Alter Erstaunliches zu leisten vermochte.

Die exacte theoretische Chemie ist immerhin noch weit zurück, das so wünschenswerthe Eingreifen der rationellen Mechanik in die Chemie noch zu wenig cultivirt, um über die innere Constitution der Körper feste Gesetze aufstellen zu können; aber indem wir mit grösster Befriedigung auf die verflossenen letzten Jahrzehnte zurückblicken, können wir zuversichtlich ausrufen: „Was nicht ist, wird noch werden.“

II. Geschichtlicher Ueberblick.

4.

Die exacteren Forschungen in der Chemie gehören der neuesten Zeit an. Bevor man nicht die richtige Einsicht in die Fundamente, die unveränderlichen Grössen, die Elemente, hatte, war alle Theorie nur eitle Speculation. Erst seit Lavoisier*) seine glänzenden Versuche über die Verbrennung angestellt und uns mit dem Sauerstoff näher bekannt gemacht hat, ist die Bahn, wenn auch immerhin schnell genug, gebrochen worden. Die Zahl der einfachen Körper hat sich seit der Zeit rasch vermehrt und einige dürften immer noch als Bestandtheile der festen Erdrinde aufgefunden werden; dass es noch einfachere Substanzen giebt, als wir jetzt annehmen, ist wohl nicht unwahrscheinlich, eine weitere Zerlegung der Elemente mit den uns zu Gebote stehenden Hülfsmitteln für den Augenblick aber nicht möglich.

Es war sehr natürlich, dass man dem Sauerstoff bald nach seiner Entdeckung besondere Aufmerksamkeit schenkte, dass man ihn namentlich in der Folge als vorzugsweise saures Prinzip dem sogenannten basischen gegenüberstellte.

Die Keime der Radicaltheorie gehören dieser Zeit an, die Begriffe Basis, Säure und Radical kamen seit der Zeit Lavoisier's zur Geltung; ja dieser geistreiche Beobachter dachte zuerst an die zusammengesetzten Radicale, indem er ausdrücklich sagt, im Thier- und Pflanzenreiche existirten fast nur

---

*) Geb. 1743 zu Paris, gest. 1794 durch die Guillotine.

zusammengesetzte Radicale, und zwar beständen diese wenigstens aus zwei Substanzen, Kohlenstoff und Wasserstoff, häufig noch ausserdem aus Stickstoff und Phosphor, woraus Radicale mit vier Basen resultirten.

Nachdem in der Folge Wenzel und Richter ihre Ansichten über Paarung und Sättigung ausgesprochen, dass nämlich eine gewisse Menge Säure eine ganz bestimmte Menge Base und nicht mehr zur Sättigung, zur Bildung eines Salzes bedürfe, und umgekehrt, welche Erkenntniss der constanten Zusammensetzung der chemischen Verbindungen vornehmlich durch Proust auf das Lebhafteste unterstützt wurde, nachdem Dalton mit der Annahme der Atome, welche verschieden gross und verschieden schwer sind und deren Verbindungen durch einfache Zahlen ausgedrückt werden, der Begründer der atomistischen Theorie geworden, nachdem noch Davy 1807 die Alkalimetalle entdeckt hatte, trat Berzelius*) auf, indem er die Forschungen seiner Vorgänger zusammenfasste und nach der Radicaltheorie zu einem wohlfundamentirten Gebäude aufbaute, welches jetzt freilich etwas alt geworden ist, aber noch immer seinen Platz einnimmt.

Die Radicaltheorie ist dualistisch. Wie Berzelius bei den unorganischen Verbindungen überall die elektropolaren Gegensätze hervorhob — in der elektrochemischen Reihe ist bekanntlich Kalium als am positivsten, Sauerstoff als am negativsten angenommen; in allen Salzen ist das positive Prinzip, die Base, und das negative, die Säure, vertreten — so übertrug er seine Anschauungen auch auf die organischen Körper.

Er wusste, dass alle unorganischen Elemente oder Radicale sich direct mit Sauerstoff verbinden, konnte sich aber nicht vorstellen, dass dieser Stoff auch eine andere Rolle spielen, dass er gar mit in ein Radical eintreten könne. Berzelius hat sich nie dazu entschliessen können, den Sauerstoff in einem organischen Radical anzunehmen.

Wenn Berzelius das Kaliumoxyd KO schrieb, worin Kalium der positive, Sauerstoff der negative Theil, so betrachtete er auch den Aether C^4H^5O als ein solches Oxyd mit positivem

---

*) Geb. 1779 zu Westerlösa in Schweden, gest. 1848.

(C^4H^5) und negativem (O) Bestandtheil, daher die Bezeichnung Aethyloxyd.

Auch andere organische Verbindungen konnten als Analoga bekannter unorganischer angesehen werden:

$$\overset{+}{K} + \overset{-}{O} = KO. - C^4\overset{+}{H^5} + \overset{-}{O} = C^4H^5O$$

$$\overset{+}{KO}.\overset{-}{HO}. - \qquad\qquad C^4\overset{+}{H^5}O.\overset{-}{HO}$$

$$\overset{+}{K} + \overset{-}{S} = KS. - C^4\overset{+}{H^5} + \overset{-}{S} = C^4H^5S$$

$$\overset{+}{KS}.\overset{-}{HS}. - \qquad\qquad C^4\overset{+}{H^5}S.\overset{-}{HS}$$

Die Essigsäure schrieb Berzelius $C^4H^3 . O^3 + HO$.

Mittlerweile hatte man nicht nur erkannt, dass das Ammonium, das den Alkalimetallen so ähnlich sich zeigte, ein zusammengesetztes (unorganisches) Radical sei, Gay-Lussac entdeckte das Cyan (1815), Wöhler und Liebig nahmen seit ihren Untersuchungen über die Benzoylkörper (1832) das sauerstoffhaltige Radical Benzoyl $C^{14}H^5O^2$ an, und Bunsen lehrte das erste metallhaltige organische Radical, das Kakodyl C^4H^6As kennen (1837).

Diese Thatsachen machten grosses Aufsehen, aber sie blieben nicht vereinzelt, erhielten vielmehr durch neue nicht minder gewichtige sehr bald Unterstützung.

5.

Fast in dieselbe Zeit, in den Anfang der dreissiger Jahre, fallen die Keime der neueren Substitutions- und Typentheorie.

Es wurde nämlich die bedeutungsvolle Beobachtung gemacht, dass Wachs (Gay-Lussac) und Terpentinöl (Dumas) beim Behandeln mit Chlor solches aufnehmen und ein gleiches Volumen Wasserstoff dagegen abgeben. Dumas erkannte alsbald, dass Chlor (auch Brom, Jod, selbst Sauerstoff, wie er glaubte) an die Stelle von Wasserstoff, Atom gegen Atom, in eine Verbindung eintreten könnte, eine Ansicht, welche Laurent in seiner Substitutionstheorie noch bestimmter ausdrückte, indem er sich dahin aussprach: Chlor tritt an die Stelle des Wasserstoffs, übernimmt aber auch ganz die Rolle des Wasserstoffs, daher der neue chlorhaltige Körper gewisse Analogieen mit dem ursprünglichen zeigt. So sehr auch **Berzelius** gegen die neue Theorie eingenommen war, wenngleich selbst **Dumas** sich anfangs des Vorwurfs gegen **Laurent**, dass er zu weit gegangen, nicht enthalten konnte: **Laurent's** Ansicht wurde kurz darauf durch **Dumas'** eigene Entdeckung der Trichloressigsäure $C^4HCl^3O^4$ (1838) auf das Glänzendste gerechtfertigt. **Dumas** nahm nun selbst **Laurent's** Prinzip*) an, welches bald durch eine Reihe von substituirten Verbindungen weitere Bestätigung fand (**Metalepsis**).

Indem die Trichloressigsäure durch Einwirkung von Chlor auf Essigsäure erhalten worden war, so zwar, dass an die Stelle von 3 At. H allmählig 3 At. Chlor traten ($C^4H^4O^4 + 6\,Cl = C^4HCl^3O^4 + 3\,HCl$), lag der Versuch nahe, die 3 At. Cl wieder gegen Wasserstoff auszutauschen und so die Essigsäure zu regeneriren. **Melsens** führte dieses in der That (1842) aus, und so stand der neuen Theorie nichts mehr im

---

*) Wir gedenken an diesem Orte kurz der damals von **Laurent** aufgestellten und später von **Gmelin** in seinem Handbuch der Chemie (organischer Theil) eingeführten **Kerntheorie**.

Kerne sind Zusammenlagerungen von Atomen in bestimmter Ordnung und geometrischer Form.

Die **Stammkerne** bestehen nur aus Kohlenstoff und Wasserstoff. Die Wasserstoffatome können aber durch andere Atome oder Atomgruppen ersetzt werden — **Nebenkerne, abgeleitete Kerne**.

Beispiel.

C^2H^4 Vine   Stammkern.

C^4Cl^4 Chlorkern, ⎫

$C^4 \begin{cases} H^3 \\ NH^2 \end{cases}$ Amidkern, ⎬ abgeleitete Kerne.

$C^4H^4 + 2\,HO$ Alkohol,

$C^4Cl^4 + Cl^2$ Anderthalbchlorkohlenstoff,

$C^4 \begin{cases} H^3 \\ NH^2 \end{cases} + O^2$ Acetamid,

$C^4H^4 + O^2$ Aldehyd (neutraler Körper), ⎬ Verbindungen der Kerne.

$C^4H^4 + O^4$ Essigsäure (Einbasische Säure),

$C^4 \begin{cases} H^2 \\ O^2 \end{cases} + O^6$ Oxalsäure (Zweibasische Säure),

Die abgeleiteten Verbindungen verlieren also die Eigenschaften des Stammkerns, die Atomenanzahl ist indessen stets eine paare. **Gmelin** hat den Stammkernen besondere Namen ertheilt.

Wege. Berzelius, der nun die Essigsäure als eine gepaarte
Verbindung *) $C^2O^3 + C^2H^3 + HO$ ansah, nahm selbst das Prinzip der Substitution an, aber sie fand nach seiner Meinung nur
im Paarling statt. Er schrieb daher die Trichloressigsäure:
$C^2O^3 + C^2Cl^3 + HO$.

Die Fälle, dass einzelne Elemente Atom für Atom durch
andere ersetzt werden konnten, mehrten sich; man wusste bald,
dass nicht nur Chlor, sondern auch Brom, Jod, Cyan, NO^4
den Wasserstoff ohne Aenderung des allgemeinen Charakters
der betreffenden Verbindung ersetzen konnten.

So hatte die alte Radicaltheorie vornehmlich durch die un-
bestreitbare Ersetzbarkeit des Wasserstoffs durch elektronegative
Elemente, wie das Chlor, und mit der Annahme sauerstoffhaltiger
Radicale ihren sicheren Halt verloren.

Es handelte sich nun darum, die schroffen Seiten der neuen
Theorie gehörig abzuschleifen, auch der alten die ihr gebührende Anerkennung zu lassen, das Ganze aber systematisch zu
verarbeiten. Wir verdanken dieses unter Anderen Williamson und ganz besonders Gerhardt.

6.

Williamson und Gerhardt haben sich um die exacte
chemische Forschung sehr grosse Verdienste erworben. Die
Arbeiten Williamson's über den Aether, den er jetzt doppelt
so gross als früher, nämlich $C^8H^{10}O^2$, annahm, und diejenigen von Gerhardt über die ein- und mehrbasischen Säuren
(s. u. 20.) sind hier namentlich hervorzuheben. Sie sahen ein,
wie nothwendig eine rationelle Anschauungsweise und Formu-

---

*) Kolbe hat die Lehre von den gepaarten Radicalen später (1848) aus-
führlicher entwickelt, so auch in der Reihe der fetten Säuren Paarungen von
Oxalsäure mit Kohlenwasserstoffen angenommen. Er unterschied damals nähere
und entferntere Radicale.

$C^4H^3 = (C^2H^3)C^2$ (Acetyl) giebt mit O^2 das nähere Radical $(C^2H^3)C^2 . O^2$
(Acetoxyl). Das Oxyd dieses Complexes $[(C^2H^3)C^2O^2.]O = (C^2H^3) . C^2O^3$ ist
Essigsäure, das Hydrat $C^2H^3 . C^2O^3 . HO$ Essigsäurehydrat. — Kolbe hat auch
in der Folge die Idee der Paarung beibehalten.

lirung sei und haben dieselben in der That ins Leben gerufen. Gerhardt's Traité de chimie organique (im vierten Bande hat er seine Ansichten ausführlicher niedergelegt) hat in den weitesten Kreisen die gebührende Anerkennung gefunden, sein classisches Werk ist die Richtschnur für den Forscher in der speciellen organischen Chemie geworden.

Können die nach Gerhardt's Prinzip gebildeten Formeln auch nicht gerade als die richtigen Constitutionsformeln angesehen werden, denn es ist noch zu wenig von der Lagerung der Atome und Moleküle selbst bekannt, so werden wir doch mit Hülfe derselben auf das Vorhandensein gewisser ähnlich constituirter Atomgruppen, Radicale (unserer neuen Radicale, Reste, résidus) geführt und sind in den Stand gesetzt, uns ein anschaulicheres Bild einer Verbindung zu entwerfen.

Nichts war natürlicher, als dass viele so gewonnene Anschauungen von der organischen Chemie auf die unorganische, die allgemeine Chemie übertragen wurden und hier ihre Würdigung fanden. Organische Verbindungen nehmen in Dampfform in der Regel ganz bestimmte Räume ein, man kann aus der Dampfdichte auf die Molekularzusammensetzung rückschliessen. Es lag sehr nahe, auch bei unorganischen Verbindungen die Bestätigung einer solchen Regel zu finden. Wir werden in der Folge sehen, dass, wie man das Aequivalent des Kohlenstoffs weit richtiger $C = 12$ als $C = 6$ schreibt, auch andere Aequivalente zu verdoppeln sind, dass man überhaupt alle Ursache hat, die Begriffe Atom, Molekül, Radical, Aequivalent viel exacter aufzufassen, als bisher geschehen war.

III. Prinzip der Typen.

7.

Gerhardt leitete die besser untersuchten organischen Verbindungen von 4 Grundtypen ab, er sagte mit anderen Worten, die Zusammensetzung einer Verbindung lässt sich bildlich, auf 4 einfache Schemata oder deren Multipla bezogen, ausdrücken.

$$
\begin{array}{lll}
\text{1.} & \text{Wasserstoff} & \left.\begin{array}{l} H \\ H \end{array}\right\} \\[2ex]
\text{2.} & \text{Chlorwasserstoff} & \left.\begin{array}{l} H \\ Cl \end{array}\right\} \\[2ex]
\text{3.} & \text{Wasser} & \left.\begin{array}{l} H \\ H \end{array}\right\} O^2 \\[2ex]
\text{4.} & \text{Ammoniak} & N\left\{\begin{array}{l} H \\ H \\ H \end{array}\right.
\end{array}
$$

Da Chlor ganz die Stelle des Wasserstoffs vertritt, so fällt der zweite Typ einfacher weg, und wir haben somit die drei Grundtypen:

$$
\left.\begin{array}{l} H \\ H \end{array}\right\} \qquad \left.\begin{array}{l} H \\ H \end{array}\right\} O^2 \qquad N\left\{\begin{array}{l} H \\ H \\ H \end{array}\right.
$$

Beispiel:

$$
\begin{array}{cccc}
\text{Typus.} & & \text{Aethylwasserstoff.} & \text{Aethylchlorür.} \\[1ex]
\left.\begin{array}{l} H \\ H \end{array}\right\} \ \text{oder} \ \left.\begin{array}{l} H \\ Cl \end{array}\right\} & & \left.\begin{array}{l} C^4H^5 \\ H \end{array}\right\} & \left.\begin{array}{l} C^4H^5 \\ Cl \end{array}\right\}
\end{array}
$$

Typus.	Alkohol.	Kaliumalkoholat.
$\left.\begin{matrix}H\\H\end{matrix}\right\}O^2$	$\left.\begin{matrix}C^4H^5\\H\end{matrix}\right\}O^2$	$\left.\begin{matrix}C^4H^5\\K\end{matrix}\right\}O^2$

Typus.	Aethylamin.	Biäthylamin	Triäthylamin.
$N\left\{\begin{matrix}H\\H\\H\end{matrix}\right.$	$N\left\{\begin{matrix}C^4H^5\\H\\H\end{matrix}\right.$	$N\left\{\begin{matrix}C^4H^5\\C^4H^5\\H\end{matrix}\right.$	$N\left\{\begin{matrix}C^4H^5\\C^4H^5\\C^4H^5\end{matrix}\right.$

Nimmt man die Multipla dieser einfachen Typen hinzu:

Einfacher Typ.	Doppelter Typ.	Dreifacher Typ....*)
$\left.\begin{matrix}H\\H\end{matrix}\right\}$	$\left.\begin{matrix}H^2\\H^2\end{matrix}\right\}$	$\left.\begin{matrix}H^3\\H^3\end{matrix}\right\}\ldots$
$\left.\begin{matrix}H\\H\end{matrix}\right\}O^2$	$\left.\begin{matrix}H^2\\H^2\end{matrix}\right\}O^4$	$\left.\begin{matrix}H^3\\H^3\end{matrix}\right\}O^6\ldots$
$N\left\{\begin{matrix}H\\H\\H\end{matrix}\right.$	$N^2\left\{\begin{matrix}H^2\\H^2\\H^2\end{matrix}\right.$	$N^3\left\{\begin{matrix}H^3\\H^3\\H^3\end{matrix}\right.\ldots$

so ist man im Stande, sich von einer Verbindung, sie sei ein-
oder mehr-basisch (richtiger gesagt atomig), ein bestimmtes
Bild zu verschaffen, wobei den Werthen der Radicale besonders Rechnung getragen ist.

8.

Der Typ giebt das natürliche Bild einer Verbindung, ein gewisser Rest in derselben ist das Radical
(résidu).

a) Nach der Radicaltheorie ist

Essigsäure $C^4H^4 . O^4$

oder $\quad C^4H^3 . O^3 + HO,$

wobei HO andeutet, dass es basisches Wasseratom, dass an
seine Stelle Metalloxyde (KO...) treten können.

Typisch leitet sich die Essigsäure einfach (s. u.) vom Ty-
pus $\left.\begin{matrix}H\\H\end{matrix}\right\}O^2$ ab, d. h. vorausgesetzt, jede einbasische Säure entspricht dem Typus $\left.\begin{matrix}H\\H\end{matrix}\right\}O^2$, 1 H ist durch das Radical der Säure

---

*) Von den Typen $\left.\begin{matrix}H^2\\H^2\end{matrix}\right\}$, $\left.\begin{matrix}H^3\\H^3\end{matrix}\right\}\ldots$ bestehen vorzugsweise die abgeleiteten

Formen $\left.\begin{matrix}H^2\\Cl^2\end{matrix}\right\}$, $\left.\begin{matrix}H^3\\Cl^3\end{matrix}\right\}\ldots$

vertreten, braucht man nur $H + O^2$ von der ganzen Säure abzuziehen, um den Rest, in diesem Falle $C^4H^3O^2$, zu erhalten. $C^4H^3O^2$ ist aber in der That kein willkürlicher Rest, sondern es kommt in allen essigsauren Verbindungen als zusammengesetzter Atomen-Complex vor, es ist, wie wir bald sehen werden, ein wirkliches Radical.

Salpetersäurehydrat ist $NO^5 . HO$, Salpetersäure aber eine einbasische Säure, daher von $\left.\begin{matrix} H \\ H \end{matrix}\right\} O^2$ abzuleiten, so dass die Form $\left.\begin{matrix} NO^4 \\ H \end{matrix}\right\} O^2$ für Salpetersäure resultirt, worin NO^4 als engerer Atomen-Complex die Rolle des Radicals spielt.

Noch deutlicher tritt der Gegensatz von empirischer und rationeller Formel vielleicht in einem anderen Beispiel hervor.

b) Das Hydrat der Schwefelsäure lässt sich bei Berücksichtigung seiner procentischen Zusammensetzung HSO^4 oder $HO . SO^3$ schreiben. Die neue Theorie sagt bestimmt: die Schwefelsäure ist aus verschiedenen Gründen eine zweibasische Säure,*) sie leitet sich ab vom Typus $\left.\begin{matrix} H^2 \\ H^2 \end{matrix}\right\} O^4$, sie muss doppelt so gross geschrieben werden, es bleibt dann der Rest S^2O^4, welcher in Wirklichkeit auch die Rolle eines zusammengesetzten Radicals in allen schwefelsauren Verbindungen spielt, die Schwefelsäure kann daher durch die Formel $\left.\begin{matrix} S^2O^4 \\ H^2 \end{matrix}\right\} O^4$ ausgedrückt werden.

c) Die wasserhaltige gewöhnliche Phosphorsäure pflegt man $PO^5 + 3HO$ zu schreiben, man sagt und hat es längst allgemein anerkannt, dass die Phosphorsäure eine dreibasische Säure ist.

Wenn sich nun nach der Typentheorie im Allgemeinen eine einbasische Verbindung vom einfachen, eine zweibasische vom

---

*) Unter X^1, X^2, X^3 eine wasserfreie Säure gedacht, unter RO ein Metalloxyd, z. B. Kali, ist nach der alten Theorie bekanntlich

$X' + RO$ das neutrale Salz einer einbasischen Säure,

$X'' + 2RO$ das neutrale Salz einer zweibasischen Säure,

$X''' + 3RO$ das neutrale Salz einer dreibasischen Säure, und sind $X + HO$, $X' + 2HO$, $X''' + 3HO$ die betreffenden wasserhaltigen Säuren selbst.

doppelten, eine dreibasische vom dreifachen Typ ableitet, so muss der Typ für die Phosphorsäure, da sich alle Säuren und analoge Verbindungen vom Typus Wasser ableiten, wohl $\left.\begin{array}{l}H^3 \\ H^3\end{array}\right\} O^6$ sein. In der wasserhaltigen Säure ist H^3 und O^6 fest gegeben, es bleibt von PH^3O^8 PO^2 übrig, der Rest (résidu), das Radical der Phosphorsäure und aller phosphorsauren Verbindungen. Es ist ersichtlich, dass man, um eine richtige typische Formel zu erhalten, das Atomgewicht der wasserhaltigen Phosphorsäure nicht, wie dasjenige des Hydrats der Schwefelsäure zu verdoppeln braucht.

9.

Gleichzeitig gelangen wir zu einer neuen Anschauung.

Der Schwefel kommt in der obigen Formel der Schwefelsäure als S^2 vor, und wir finden in der That in den gut untersuchten Schwefelverbindungen, wenn wir der typischen Schreibweise und ganz besonders dem Prinzip der bestimmten Reste Rücksicht tragen, den Schwefel immer in einer geraden Anzahl von Atomen vertreten. Ganz dasselbe gilt vom Sauerstoff, wenn von einer Anzahl von Salzen mit ungeraden Krystallwassermolekülen abgesehen wird: der Sauerstoff functionirt immer in einer geraden Anzahl von Atomen. Soll aber die Atomenzahl den Werth für die kleinste Menge der in irgend einer Verbindung vorkommenden einfachen Substanz auf eine Einheit bezogen, ausdrücken, so wird $O = 16$, $S = 32$ statt $O = 8$, $S = 16$, wenn $H = 1$.

Es sei hier noch bemerkt, dass, wenn die Grösse des Wassermoleküls $\left.\begin{array}{l}H \\ H\end{array}\right\} O^2 = H^2O^2$ als richtig angesehen — wir werden dieses später ausführlicher begründen — wenn das Prinzip der typischen Ableitung als zweckmässig anerkannt wird, man danach überhaupt den Körpern passende Formeln zu ertheilen berechtigt ist. So wird:

Kali KO zu . . . . $\left.\begin{array}{l}K \\ K\end{array}\right\} O^2$

Kalihydrat KOHO zu . . $\left.\begin{array}{l}K \\ H\end{array}\right\} O^2$

$$\text{Schwefelkalium KS zu} \quad . \quad . \quad \left.\begin{array}{c} K \\ K \end{array}\right\} S^2$$

$$\text{Kaliumsulfhydrat KS . HS zu} \left.\begin{array}{c} K \\ H \end{array}\right\} S^2.$$

Gut untersuchte Kohlenstoffverbindungen enthalten den Kohlenstoff — $C = 6$ — immer in einer geraden Atomenzahl; wenn also die kleinste Wirkungsgrösse des Kohlenstoffs C^2 ist, so ist man auch berechtigt, das Atomengewicht desselben zu 12 anzunehmen und statt C^2 einfach C, oder wie es gegenwärtig gewöhnlich geschieht, Ð zu schreiben.

IV. Atom. Molekül. Radical.

10.

Man versteht unter Atomen im Allgemeinen die kleinsten Körpertheilchen der Materien.

Wenn wir annehmen, dass, je nachdem eine eigenthümliche Kraft, die Cohäsionskraft, mehr oder weniger wirksam ist, feste, flüssige oder gasförmige Körper entstehen, dass vermöge der Affinität ein Atom sich enger an ein zweites wie an ein drittes anlagert, wenn wir bestimmte Erscheinungen dem allgemeinen Gesetz der Schwere zuschreiben, wenn wir uns die Atome von einer Aetherhülle umgeben denken und vermittelst derselben unter Anderem die Erscheinungen der Wärme erklären — so haben wir gewisse atomistische Theorieen vor uns und gelangen zu einer Reihe von Problemen, welche mathematisch richtig und elegant gelöst worden sind.

Indem wir aber an diesem Orte nicht auf atomistische Betrachtungen näher eingehen können, so sehen wir auch von dem physikalischen Atom ab und wenden uns sogleich zu dem chemischen Atom.

In der Chemie versteht man unter Atom die kleinste Menge einfacher Substanz, welche in einer Verbindung bestehen kann, oder den kleinsten Wirkungswerth eines Elementes.

Man versteht ferner unter Molekül die kleinste Menge Materie, welche isolirt bestehen kann, und welche bei gewissen chemischen Veränderungen der Masse nach unverändert bleibt.

Atome lagern sich zu Molekülen zusammen. Das Molekulargewicht einer Verbindung ist also die Summe der Atomgewichte der die Verbindung zusammensetzenden Elemente.

Es giebt einfache Moleküle, Aneinanderlagerungen gleichartiger Atome, und zusammengesetzte Moleküle, Aneinanderlagerungen ungleichartiger Atome.

Die kleinste Menge Kalium, welche chemisch wirksam ist, nennt man ein Atom Kalium, die kleinste Menge Kaliumoxyd, welche bestehen kann, ein Molekül Kaliumoxyd.

11.

Zur Zeit, als die Radicaltheorie zur Geltung kam, erkannte man, dass in den zusammengesetzten Verbindungen gewisse Atomencomplexe enger mit einander verbunden seien und sich auf andere Verbindungen übertragen liessen. Kalium nannte man ein einfaches, Ammonium NH^4 ein zusammengesetztes Radical. So wurde auch von Kohlen-Wasserstoff-, Kohlen-Stickstoff-.... radicalen gesprochen, aber indem man dem Sauerstoff eine besondere Bedeutung zuschrieb und anfangs keine sauerstoffhaltigen Radicale annahm, musste sich der Begriff des Radicals auch später ändern. Wir sagen nun:

Radical ist ein gewisser Rest (résidu) einer Verbindung, welcher in einer Reihe von Ableitungen derselben Substanz angenommen werden kann und muss.

In dem Molekül Kaliumoxyd $\left.{K \atop K}\right\} O^2$ ist Kalium das Radical, ein bestimmter Rest.

Mit dem Molekül Wasser $\left.{H \atop H}\right\} O^2$ verglichen, springt sogleich ins Auge, dass K die Stelle von H einnimmt, diesem also gleichwerthig auftritt.

In dem Weingeist $C^4H^6O^2$ finden wir ebenfalls einen solchen Rest, nämlich C^4H^5 Aethyl, welcher sich in einer grossen Anzahl abgeleiteter Verbindungen wieder findet. Typisch kann der Weingeist $\left.{C^4H^5 \atop H}\right\} O^2$ geschrieben werden, wodurch zugleich ausgedrückt ist, dass C^4H^5 H gleichwerthig ist, wie K.

Selbstständig als Moleküle auftretende zusammengesetzte Radicale sind nicht sehr viele bekannt. Das Aethyl C^4H^5 ist isolirt gekannt, es besitzt dann aber als Molekül die doppelte Grösse, nämlich: $\left.{C^4H^5 \atop C^4H^5}\right\}$. Als solches leitet es sich typisch von $\left.{H \atop H}\right\}$ ab, und in der That ist auch das Molekül Wasserstoff, wie in der Folge noch anschaulicher werden wird, H^2.

In dem Schwefelsäurehydrat $\left.{S^2O^4 \atop H^2}\right\} O^4$ ist der Atomencomplex S^2O^4 wie C^4H^5 auch ein Radical (Rest), aber von anderem Werthe, denn ein einfacher Vergleich zeigt, dass $\left.{S^2O^4 \atop H^2}\right\} O^4$ mit $\left.{H^2 \atop H^2}\right\} O^4$, also S^2O^4 mit H^2, also auch mit $2\,C^4H^5$ gleichwerthig ist.

Jedem Radical (Rest) kommt also ein ganz bestimmter Wirkungswerth zu, welcher mit dem Ausdruck Atomigkeit (Basicität) bezeichnet wird.

<h2 style="text-align:center">12.</h2>

Als Vergleichungseinheit für die Atomigkeit hat man den Wasserstoff H angenommen, so dass durch H die Gewichts- und Atomeinheit ausgedrückt wird.

Elemente, welche H gleichwerthig sind, werden einatomige (einbasische), solche, welche H^2 gleichwerthig sind, zweiatomige, H^3 gleichwerthige, dreiatomige etc. genannt.

So verbindet sich ein einbasisches Atom mit einem einbasischen, ein zweibasisches mit einem zweibasischen oder mit zwei einbasischen u. s. f.

Vorläufig sei Folgendes bemerkt:

a) Einatomig sind: Wasserstoff, Chlor, Brom, Jod, Fluor, viele Metalle; auch die Complexe Cyan, C^2N und NO^4.

b) Zweiatomig sind: Sauerstoff, Schwefel (Selen, Tellur).

c) Dreiatomig sind: Stickstoff, Phosphor, Arsen, Antimon.

Man hat gefunden, dass in allen gut untersuchten Verbindungen die Summe der zu einem Molekül vereinigten

Atome stets eine paare Zahl ist, wenn man dabei die
Aequivalente von Sauerstoff, Schwefel (Selen, Tellur) verdop-
pelt. Durch die typische Schreibweise springt auch das Gesetz der paaren Atomenzahlen besonders deutlich in die Augen.
Für die Krystallwassermoleküle hat indessen diese Regel noch
keine Gültigkeit. Hiervon abgesehen, tritt bei chemischen Reactionen Wasser immer in einer paaren Anzahl von Atomen
ein oder aus.

Beispiel: Aethylalkohol $C^4H^6O^2$ zerfällt durch con-
centrirte Schwefelsäure in Elayl $C^4H^4 + H^2O^2$. Wird umgekehrt Elayl C^4H^4 mit rauchender Schwefelsäure geschüttelt, so
entsteht eine Verbindung beider, verdünnt man mit Wasser
und destillirt ab, so geht Weingeist über, C^4H^4 hat wieder
H^2O^2 aufgenommen.

Es kann ferner aus dem Gesetz der paaren Atome auf die
Constitution der Radicale rückgeschlossen, d. h. gleich abgeleitet werden, ob ein Radical ein- oder mehratomig, einem oder
mehren Atomen Wasserstoff aequivalent ist.

Beispiel: Stickstoffhaltige Körper leiten sich vom Typus
1.2.3.... Ammoniak ab.

Es liegt uns ein Körper von der Zusammensetzung NC^4H^7
vor; er wird sich von $1NH^3$ ableiten; wir haben ferner durch
andere Reactionen gefunden, dass ein Radical mit C^4 darin
vorhanden sein muss, und dass noch zwei substituirbare
Wasserstoffatome darin enthalten sind. Der Rest C^4H^5 Aethyl
muss daher H aequivalent, einatomig sein. In einer anderen
Verbindung NC^4H^3 haben wir ebenfalls Grund, ein C^4-haltiges
Radical anzunehmen, es ist aber kein substituirbarer Wasserstoff darin enthalten, doch muss sich die Verbindung von $1NH^3$
ableiten: wir gelangen zu dem dreiatomigen Radical C^4H^3.
Somit haben wir:

$$N \begin{cases} H \\ H \\ H \end{cases} \qquad N \begin{cases} C^4H^5 \\ H \\ H \end{cases} \qquad N \begin{cases} C^4H^3. \end{cases}$$

Ebenso finden wir durch einfache Betrachtung, dass
$N^2C^2O^2H^4$, worin 4 substituirbare H, sich auf $2NH^3$ bezieht,
dass der Rest C^2O^2 darin zweiatomig ist:

$$N^2 \begin{cases} H^2 \\ H^2 \\ H^2 \end{cases} \qquad N^2 \begin{cases} C^2O^2 \\ H^2 \\ H^2 \end{cases}$$

Man bezeichnet die Atomigkeit eines Radicals durch darüber oder zur Seite gesetzte Striche (Odling).

Also:

$$C^4H^5 \; (C^4H^{5\prime}),$$
$$C^4\overset{\prime\prime}{H}{}^3 \; (C^4H^{3\prime\prime\prime}),$$
$$C^2\overset{\prime\prime}{O}{}^2 \; (C^2O^{2\prime\prime}).$$

Beim einatomigen Radical bleibt der Strich füglich weg.

So ergeben sich uns folgende Bemerkungen:

1. Es ist immer eine paare Anzahl von Atomen zu einem Molekül verbunden.

2. Kohlenstoff, Sauerstoff, Schwefel... sind immer in paarer Zahl vorhanden. Wir drücken daher die Molekulargrössen C^2, O^2, S^2 ... zweckmässig durch Ꮯ, Ꭴ, Ꮪ aus, können sogar füglich den — ganz weglassen und $C = 12$, $O = 16$, $S = 32$.... schreiben, was jedoch in der Folge nicht geschehen ist.

3. Wasserstoff und Stickstoff sind in den ein- und dreiatomigen Radicalen immer unpaar, zusammen paar, in den zweiatomigen paar, zusammen auch paar....

$$1 + 3 = 4 \qquad 1 + 7 = 8 \qquad 1 + 3 = 4$$

$$N \begin{cases} H \\ H \\ H \end{cases} \qquad N \begin{cases} C^4H^5 \\ H \\ H \end{cases} \qquad N \begin{cases} C^4H^3 \\ \\ \end{cases}$$

$$2 + 6 = 8 \qquad 2 + 4 = 6$$

$$N^2 \begin{cases} H^2 \\ H^2 \\ H^2 \end{cases} \qquad N^2 \begin{cases} C^2O^2 \\ H^2 \\ H^2 \end{cases} \qquad \ldots\ldots$$

4. Ein Radical, bei welchem die Summe der es zusammensetzenden Elemente eine unpaare Zahl giebt, ist einatomig (einbasisch), dreiatomig...., wenn die Summe paar ist, zweiatomig, vieratomig....

$$C^4H^5 \; . \; C^4\overset{\prime\prime}{H}{}^4 \; . \; C^4\overset{\prime\prime}{H}{}^3.$$

13.

Stellen wir zunächst einige Betrachtungen über den Kohlenstoff und seine Verbindungen an.

Die kleinste Menge Kohlenstoff, welche in einer Verbindung vorkommt, ist $C^2 = C$. Man findet nun, dass die **Summe der chemischen Einheiten, welche sich mit C^2 verbinden kann, allgemein mindestens $= 2$ ist**:

$$C^2H^2 . - C^2O^2 . - C^2S^2 \ldots$$

weshalb man den Kohlenstoff als **zweiatomig** anzusehen berechtigt ist. Da indessen in den meisten Verbindungen die Summe der chemischen Einheiten, welche sich mit C^2 verbindet, $= 4$ beträgt, so wird der Kohlenstoff häufiger als **vieratomig** angesehen, zumal die Combination C^2H^2 nicht isolirt beobachtet worden ist.

$$C^2H^4 \quad C^2O^4 \quad C^2O^2Cl^2$$
$$C^2Cl^4 \quad C^2S^4 \quad C^2NH$$

. . . .

Wenn das Radical C^2H existirt, so läge ein eigenthümlicher Ausnahmfall vor, indem C^2, als H^2 gleichwerthig, mit nur $1\,H$ verbunden wäre.

Die Verbindungen des Kohlenstoffs sind sehr mannichfaltiger Art.

1. Mehrere gleichartige Glieder können sich zusammenlagern: $\quad C^2H^2 . C^2H^2 = C^4H^4,$
H kann durch $Cl \ldots$ substituirt werden, $C^4Cl^4 \ldots$ u. s. f.

2. Ein oder mehrere Einheiten treten hinzu, können aber vertauscht oder entfernt werden, es sind also alle Bestandtheile nicht mehr durch die Verwandtschaft des Kohlenstoffs allein festgehalten.

$$C^4H^5 . H . - C^4H^5 . Cl,$$

$$C^4H^5 . Cl + N \begin{cases} H \\ H \\ H \end{cases} = HCl + N \begin{cases} C^4H^5 \\ H \\ H \end{cases}$$

$$. \quad C^4H^4 . H^2 . - C^4H^4 . Cl^2$$

$$C^4H^4 + H^2O^2 = C^4H^6O^2 = \left.\begin{matrix} C^4H^5 \\ H \end{matrix}\right\} O^2$$

$$C^4H^4 . O^4 = \left.\begin{matrix} C^4H^3O^2 \\ H \end{matrix}\right\} O^2$$

Es kann sich Gleichwerthiges gegenseitig ersetzen.

3. Durch neu hinzutretende Glieder, durch tiefer greifende chemische Actionen kann die Atomigkeit der Radicale geändert, das Radical selbst ein anderes werden.

Ein einatomiges Radical wird in ein zweiatomiges verwandelt und umgekehrt:

$$\left.\begin{array}{l} C^4\overset{\prime}{H}{}^5 \\ H \end{array}\right\} O^2 = C^4\overset{\prime\prime}{H}{}^4 + H^2O^2$$

$$C^4\overset{\prime\prime}{H}{}^4 + H^2O^2 = \left.\begin{array}{l} C^4\overset{\prime}{H}{}^5 \\ H \end{array}\right\} O^2$$

Durch Einwirkung von Schwefelsäure (s. o.).

Ein einatomiges Radical wird in ein dreiatomiges übergeführt und umgekehrt:

(Acetonitril.)

$$\left.\begin{array}{l} C^4H^3O^2 \\ NH^4 \end{array}\right\} O^2 = N \{ C^4\overset{\prime\prime\prime}{H}{}^3 + 4\,HO$$

Durch Einwirkung von wasserfreier Phosphorsäure auf essigsaures Ammonium.

(Acetonitril.)   (Essigsaures Ammonium.)

$$N \{ C^4\overset{\prime\prime\prime}{H}{}^3 + 4\,HO = \left.\begin{array}{l} C^4H^3O^2 \\ NH^4 \end{array}\right\} O^2$$

Durch Einwirkung wässeriger Alkalien auf Acetonitril.

u. s. f.

Aus dem einatomigen Allylalkohol $\left.\begin{array}{l} C^6H^5 \\ H \end{array}\right\} O^2$, kann durch

Metamorphosen dreiatomiges Glycerin $\left.\begin{array}{l} C^6\overset{\prime\prime\prime}{H}{}^5 \\ H^3 \end{array}\right\} O^6$ erhalten werden oder umgekehrt (s. 21).

Immerhin gehen aber solche Aenderungen in der Lagerung nach ganz bestimmten Regelmässigkeiten vor sich, die Atomigkeit der Elemente und Radicale bleibt stets im engsten Zusammenhange.

14.

Es kommen in den sogenannten gepaarten organischen Verbindungen (Combinationen mehrerer einfacheren Verbindungen zu einem Ganzen von bestimmtem Charakter) auch complicirter zusammengesetzte Radicale, gepaarte Radicale, vor, bei denen übrigens die Atomigkeit ebenfalls eine ganz bestimmte ist.

Wir werden zunächst auch die gepaarten Verbindungen in einfachster Weise von den Typen ableiten, in der Folge aber mit Hülfe der gemischten Typen sie in eine rationellere Form zu bringen im Stande sein. So schreiben wir zuvörderst die durch Einwirkung von Schwefelsäure auf Alkohol entstehende Aethylschwefelsäure $C^4H^6S^2O^8$, welche einatomig, und worin der engere Complex $C^4H^5S^2O^6$ angenommen werden kann:

$$\text{Aethylschwefelsäure} = \left.\begin{array}{c} C^4H^5S^2O^6 \\ H \end{array}\right\} O^2.$$

Was die Atomigkeit der gepaarten Verbindungen betrifft, so stellte Gerhardt zuerst folgende Regel auf: Die Basicität einer gepaarten Verbindung ist immer um $1 <$ als die Summe derjenigen Basicitäten, welche jeder die gepaarte Verbindung bildende Körper für sich besitzt. Also: $\quad\quad B = S - 1,$
oder wenn die Basicitäten der zwei gepaarten Substanzen mit b und b′ bezeichnet werden:

$$B = (b + b') - 1.$$

Man zog später die bei der Reaction austretenden Wassermoleküle (1, 2, 3 . . . .) mit ins Spiel (Strecker), da, aber immer gerade Wassermoleküle austreten (H^2O^2, H^4O^4, H^6O^6. . . .), so ist der Unterschied von der ersten Regel kein wesentlicher.

Ist n die Anzahl der austretenden Wassereinheiten, so haben wir nun

$$B = (b + b') - \frac{n}{2}.$$

Noch präciser wird die Regel durch die Formel von Piria
$$B = (b + b') - (n - 1)$$
ausgedrückt, denn da für n sich paarende Körper die Anzahl der sich ausscheidenden Wassereinheiten (HO) 2(n — 1) beträgt, so geht $\frac{n}{2}$ in $\frac{2(n-1)}{2}$ oder n — 1 über.

Ganz allgemein ist, wenn α, β, γ . . . . Moleküle verschiedener Substanzen mit den Basicitäten b, b′, b″ . . . . sich verbinden, die Basicität der gepaarten Verbindung B, B′ . . . .

$$B = (\alpha b + \beta b') - ([\alpha + \beta] - 1)$$
$$B' = (\alpha b + \beta b' + \gamma b'') - ([\alpha + \beta + \gamma] - 1)$$
$$\cdot \ \cdot \ \cdot \ \cdot \ \cdot \ \cdot \ \cdot \ \cdot \ \cdot \ \cdot \ \cdot \ \cdot \ \cdot \ \cdot \ \cdot \ \cdot \ \cdot \ \cdot$$

Endlich kann man auch die substituirbaren Wasserstoff-atome der zusammentretenden Substanzen und der gepaarten Verbindungen selbst ins Auge fassen und erhält, wenn $\alpha H +$ $\beta H + \gamma H + \ldots$ die Anzahl der vertretbaren Wasserstoffatome der zusammentretenden Verbindungen, aH die Anzahl der als Wasser austretenden Wasserstoffatome bezeichnet, die vertret-baren Wasserstoffatome AH der gepaarten Verbindung:

$$AH = (\alpha H + \beta H + \gamma H \ldots) - aH.$$

Das Basicitätsgesetz gepaarter Verbindungen ist nur inner-halb gewisser Grenzen gültig, es ist eine Regel, aber kein all-gemein gültiges Gesetz.

Beispiel:

Einwirkung von Schwefelsäurehydrat auf organische Ver-bindungen.

1. Es entsteht ein einatomiges gepaartes Radical:

$$\left.\begin{array}{c}C^4H^5\\H\end{array}\right\}O^2 + \left.\begin{array}{c}S^2\overset{''}{O}^4\\H^2\end{array}\right\}O^4 = \left.\begin{array}{c}C^4H^5S^2O^6\\H\end{array}\right\}O^2 + H^2O^2.$$

(Aethylalkohol.)   (Isäthionsäure; Aethylschwefelsäure.)

$$\text{Denn } O + 2 \quad -1 \quad = 1$$
$$\text{oder } 1H + 2H - 2H = 1H.$$

2. Es entsteht ein zweiatomiges gepaartes Radical:

$$\left.\begin{array}{c}C^4H^3O^2\\H\end{array}\right\}O^2 + \left.\begin{array}{c}S^2\overset{''}{O}^4\\H^2\end{array}\right\}O^4 = \left.\begin{array}{c}C^4\overset{''}{H}^2S^2O^6\\H^2\end{array}\right\}O^4 + H^2O^2.$$

(Essigsäure.)   (Sulfoessigsäure.)

3. Es entsteht ein dreiatomiges gepaartes Radical:

$$\left.\begin{array}{c}C^8\overset{''}{H}^4O^4\\H^2\end{array}\right\}O^4 + \left.\begin{array}{c}S^2\overset{''}{O}^4\\H^2\end{array}\right\}O^4 = \left.\begin{array}{c}C^8H^3\overset{''}{O}^4S^2O^4\\H^3\end{array}\right\}O^6 + H^2O^2.$$

(Bernsteinsäure.)   (Bernsteinschwefelsäure.)

15.

Wir haben gesehen, wie organische Radicale ihre Atomig-keit verändern können; Aehnliches findet bei unorganischen Radicalen statt.

$1H$ ist äquivalent $1Cl, Br, J \ldots$ $1K, Ag, Fe \ldots$

$HCl, FeCl \ldots$ sind einatomige Verbindungen.

Nun tritt zu $2FeCl$ $1Cl$ hinzu und es bildet sich das Mo-lekül Fe^2Cl^3, worin die $3Cl$ so fest an Fe^2 gebunden sind, dass, wenn früher Fe^2 äquivalent H^2 war, jetzt Fe^2 äquivalent H^3 wird ($\ddot{Fe}$).

Eine einfache Betrachtung ergiebt somit, dass Cl.... auch $^2/_3$ Fe äquivalent sein kann.

Fe^2Cl^3 ist äquivalent $3\,FeCl$, $3KCl$.... wie
$S^2H^2O^8$ äquivalent $2HCl$, $2NHO^6$....
PH^3O^8 äquivalent $3HCl$, $3NHO^6$....

Wir haben früher den Satz ausgesprochen, dass die Summe der zu einem Molekül verbundenen Atome eine paare ist, hiernach wird das Eisenchlorid zu Fe^4Cl^6. Es werden sich in der Folge noch weitere Gründe ergeben, nicht nur das Eisenchlorid Fe^4Cl^6 zu schreiben, sondern auch den kleinsten Wirkungswerth des Eisens mindestens doppelt so gross als bisher anzunehmen. Dann ist Eisenchlorür Fe^4Cl^4 und Eisenchlorid $Fe^4Cl^4 . Cl^2$ gewissermassen mit C^4Cl^4 und $C^4Cl^4 . Cl^2$ zu vergleichen.

Die Aequivalenz von Fe und $^2/_3$ Fe, ebenso von Platin Pt und $^1/_2$ P (z. B. im Platinchlorür PtCl und Platinchlorid $PtCl^2$) u. A. berücksichtigend, hat seiner Zeit Gerhardt besondere Benennungen und Zeichen eingeführt.

Eisen in den Oxydulverbindungen $Fe = 28$ Ferrosum,
Eisen in den Oxydverbindungen $fe\,(^2/_3\,Fe) = 18.7$ Ferricum,
Platin in den Oxydulverbindungen $Pt = 98.7$ Platinosum,
Platin in den Oxydverbindungen $pt\,(^1/_2\,Pt) = 49.3$ Platinicum,
welche Bezeichnungen man indessen füglich entbehren kann.

16.

Es ist einleuchtend, dass durch die Einführung der Typen auch die Nomenclatur der Verbindungen eine veränderte werden musste. Eine consequente und allgemein durchgreifende Neuerung hat indessen noch nicht stattgefunden, und so kann an diesem Orte der Gegenstand auch nur angedeutet werden.

a) Zunächst können wir bei Berücksichtigung der 1, 2...H gleichwerthigen Radicale die Benennung Oxyd in den meisten Salzen nicht mehr beibehalten, bezeichnen vielmehr das an die Stelle des Wasserstoffs getretene Radical, sei es einfach oder zusammengesetzt.

So sagen wir:

Salpetersaures Kalium statt salpetersaures Kali $\left.\begin{array}{l}NO^4 \\ K\end{array}\right\}O^2$,

Essigsaures Aethyl statt essigsaures Aethyloxyd $\left.\begin{array}{l}C^4H^3O^2 \\ C^4H^5\end{array}\right\}O^2$.

b) Auch die Ausdrücke saure, neutrale .... Salze sind unstatthaft.

Schwefelsaures Kali wird passend benannt:

$\qquad$ Schwefelsaures Dikalium $\left.\begin{array}{l}S^2\overset{''}{O}{}^4 \\ K^2\end{array}\right\}O^4$,

Saures schwefelsaures Kali:

$\qquad$ Schwefelsaures Kalium $\left.\begin{array}{l}S^2\overset{''}{O}{}^4 \\ H.K\end{array}\right\}O^4$,

Weinsaures Kali:

$\qquad$ Weinsaures Dikalium $\left.\begin{array}{l}C^8\overset{''}{H}{}^4O^8 \\ K^2\end{array}\right\}O^4$,

Saures weinsaures Kali:

$\qquad$ Weinsaures Kalium $\left.\begin{array}{l}C^8\overset{''}{H}{}^4O^8 \\ H.K\end{array}\right\}O^4$.

c) Man sucht die den Radicalen ertheilten Namen auch in Säuren, Salzen .... beizubehalten, um eine präcise Ausdrucksweise zu erhalten. Trivialnamen werden füglich entfernt.

$C^4H^3O^2$ ist Acetyl. Daher

$\left.\begin{array}{l}C^4H^3O^2 \\ Cl\end{array}\right\}$ Acetylchlorür,

$\left.\begin{array}{l}C^4H^3O^2 \\ H\end{array}\right\}O^2$ Acetylsäure,

$\left.\begin{array}{l}C^4H^3O^2 \\ Na\end{array}\right\}O^2$ Acetylsaures Natrium,

$C^8\overset{''}{H}{}^4O^8$ ist Tartryl. Daher

$\left.\begin{array}{l}C^8\overset{''}{H}{}^4O^8 \\ Cl^2\end{array}\right\}$ Tartrylchlorür,*)

$\left.\begin{array}{l}C^8\overset{''}{H}{}^4O^8 \\ H^2\end{array}\right\}O^4$ Tartrylsäure,

$\left.\begin{array}{l}C^8\overset{''}{H}{}^4O^8 \\ K^2\end{array}\right\}O^4$ Tartrylsaures Dikalium.

---

*) Man braucht nicht Tartryldichlorür zu sagen, denn wegen der Aequivalenz von H^2 und Cl^2 muss das 2atomige Tartryl $C^8\overset{''}{H}{}^4O^8$ sich mit Cl^2 zu dem Chlorür verbinden.

Auch die unorganischen Radicale erhalten zweckmässige Namen.

$$S^2O^4 \text{ Sulfuryl,}$$

$$P\ddot{O}^2 \text{ Phosphoryl,}$$

$$C^2O^2 \text{ Carbonyl} \ldots$$

d) Substituirte Verbindungen werden der Substitution gemäss benannt.

$$C^4H^3O^2 \text{ Acetyl,}$$

$$C^4 \begin{Bmatrix} H^2 \\ Cl \end{Bmatrix} O^2 \text{ Einfach gechlortes Acetyl, Chloracetyl,}$$

$$C^4Cl^3O^2 \text{ Dreifach gechlortes Acetyl, Trichloracetyl.}$$

e) Besonderen Werth hat die Bezeichnung der vom Ammoniaktyp sich ableitenden Verbindungen, da die Anzahl derselben eine sehr grosse ist.

Die Trivialnamen Amid, Imid und Nitril, je nachdem NH^2, NH oder N mit einem Radical verbunden sind, sind nicht maassgebend.

Zweckmässiger dürfte man den Unterschied zwischen ammoniakartigen Verbindungen, worin basische, und solchen, worin saure Radicale substituirend für Wasserstoff eingetreten sind, hervortreten lassen, erstere **Amine**, letztere **Amide** nennen, somit sagen:

Natriumamin.

$$N \begin{Bmatrix} Na \\ H \\ H \end{Bmatrix}$$

aber

Carbonylamid.

$$N^2 \begin{Bmatrix} C^2O^2 \\ H^2 \\ H^2 \end{Bmatrix}$$

Aethylamin.

$$N \begin{Bmatrix} C^4H^5 \\ H \\ H \end{Bmatrix}$$

Tartrylamid.

$$N^2 \begin{Bmatrix} C^8\ddot{H}^4O^8 \\ H^2 \\ H^2 \end{Bmatrix}$$

Gleichzeitig wird die Anzahl der substituirenden Radicale angezeigt:

Aethylamin.

$$N \begin{Bmatrix} C^4H^5 \\ H \\ H \end{Bmatrix}$$

Acetylamid.

$$N \begin{Bmatrix} C^4H^3O^2 \\ H \\ H \end{Bmatrix}$$

Diäthylamin.   Diacetylamid.

$$N \begin{cases} C^4H^5 \\ C^4H^5 \\ H \end{cases} \qquad N \begin{cases} C^4H^3O^2 \\ C^4H^3O^2 \\ H \end{cases}$$

Ferner wird eine vom Typus $1\,NH^3$ sich ableitende Verbindung Monamin, Monamid (schlechtweg Amin, Amid), eine vom Typus $2\,NH^3$, $3\,NH^3$.... sich ableitende Diamin, Diamid; Triamin, Triamid.... heissen.

$$N \begin{cases} C^4H^3O^2 \\ H \\ H \end{cases} \quad \text{Acetylamid,}$$

$$N^2 \begin{cases} C^8\overset{''}{H}{}^4O^8 \\ H^2 \\ H^2 \end{cases} \quad \text{Tartryldiamid,}$$

$$N^3 \begin{cases} C^{12}\overset{'''}{H}{}^5O^8 \\ (C^{12}H^5)^3 \\ H^3 \end{cases} \quad \text{Citryl-Triphenyl-Triamid.}$$

Ist NH^4Cl Ammoniumchlorür

$$\left(\text{Typus } \left.\begin{matrix} H \\ H \end{matrix}\right\} \text{ oder } \left.\begin{matrix} H \\ Cl \end{matrix}\right\}, \; NH^4 \text{ äquiv. } H\right),$$

so wird $\qquad\qquad N \left\{ \begin{matrix} C^4H^5 \\ H^3 \end{matrix} \right. \cdot Cl$

Aethylammoniumchlorür sein. Kürzer lässt man bei Ammoniumverbindungen das „Ammon" ganz weg, sagt also

Aethyliumchlorür $\quad N \left\{ \begin{matrix} C^4H^5 \\ H^3 \end{matrix} \right. \cdot Cl.$

Diäthyliumchlorür $\quad N \begin{cases} C^4H^5 \\ C^4H^5 \\ H^2 \end{cases} \cdot Cl.$

Möge hier noch ein complicirterer Fall seinen Platz finden. Die als salzsaures Bichlormelanilin-Platinchlorid beschriebene Verbindung

$$N^2 \begin{cases} C^{12} \begin{cases} H^4 \\ C^2N \cdot H \end{cases} \\ C^{12} \begin{cases} H^3 \\ Cl^2 \cdot H \end{cases} \\ \dfrac{H^2}{H} \end{cases} \Bigg\} \; Cl \cdot PtCl^2$$

wird demnach aufgeführt als Cyanphenyl - Dichlorphenyl-
Diammoniumchlorür - Platinchlorid. *)

In Weltzien's systematischer Zusammenstellung der organischen Verbindungen ist diese Nomenclatur geltend gemacht.

17.

Es dürfte nicht unpassend sein, noch einige Beispiele für
typische Ableitungen und Auffindung der Reste (Radicale)
zu geben, denn eine gewisse Fertigkeit ist hierbei durchaus
erforderlich.

1. Ableitungen vom Typus Wasser

$$\left.\begin{array}{l}H \\ H\end{array}\right\} O^2 \;.\; \left.\begin{array}{l}H^2 \\ H^2\end{array}\right\} O^4 \; \left.\begin{array}{l}H^3 \\ H^3\end{array}\right\} O^6 \ldots$$

Wir haben früher gesehen, dass die typischen Formeln
für

     Salpetersäure   Schwefelsäure   Phosphorsäure

$$\left.\begin{array}{l}NO^4 \\ H\end{array}\right\} O^2 \qquad \left.\begin{array}{l}S^2O^4 \\ H^2\end{array}\right\} O^4 \qquad \left.\begin{array}{l}\overset{\cdots}{P}O^2 \\ H^3\end{array}\right\} O^6$$

sind, die Radicale oder Reste also:

$$NO^4 \qquad \overset{\cdots}{S}{}^2O^4 \qquad \overset{\cdots}{P}O^2;$$

dass   Essigsäure $= \left.\begin{array}{l}C^4H^3O^2 \\ H\end{array}\right\} O^2$ und

das Radical $C^4H^3O^2$.

Habe ich nun z. B. Buttersäure, buttersaures Calcium und
das Chlorür der Buttersäure analysirt und dafür die Werthe
$C^8H^8O^4$, $C^8H^7CaO^4$ und $C^8H^7O^2Cl$ erhalten, so weiss ich
hiermit, dass die Buttersäure eine 1atomige Säure ist, und
der Rest kein anderer wie $C^8H^7O^2$ sein kann. Daher:

     Buttersäure   Kalksalz   Chlorür

$$\left.\begin{array}{l}C^8H^7O^2 \\ H\end{array}\right\} O^2 \qquad \left.\begin{array}{l}C^8H^7O^2 \\ Ca\end{array}\right\} O^2 \qquad \left.\begin{array}{l}C^8H^7O^2 \\ Cl\end{array}\right\}$$

    Butylsäure.   Butylsaures Calcium.   Butylchlorür.

Für Bernsteinsäure sei gefunden $C^8H^6O^8$, für 2 Kalksalze derselben $C^8H^5CaO^8$ und $C^8H^4Ca^2O^8$, für das Chlorür $C^8H^4O^4Cl^2$,
für zwei Amidverbindungen $C^8H^5O^4N$ und $C^8H^8O^4N^2$. Dass

---

*) Streng genommen $2NH^3 + HCl$, wofür die Ausdrucksweise aber zu um-
ständlich würde.

die Bernsteinsäure eine zweiatomige Säure, liegt auf der Hand.

Von $\left.\begin{array}{c}H^2 \\ H^2\end{array}\right\} O^4$ abgeleitet, bleibt für H^2 der Atomencomplex $C^8H^4O^4$ derselbe, der mit Cl^2 das Chlorür bildete. Somit haben wir:

$$\left.\begin{array}{c}C^8\overset{''}{H}{}^4O^4 \\ H^2\end{array}\right\} O^4 \qquad \text{Bernsteinsäure,} \atop \text{Succinylsäure.}$$

$$\left.\begin{array}{c}C^8\overset{''}{H}{}^4O^4 \\ H.Ca\end{array}\right\} O^4 \qquad \text{Succinylsaures} \atop \text{Calcium.}$$

$$\left.\begin{array}{c}C^8\overset{''}{H}{}^4O^4 \\ Ca^2\end{array}\right\} O^4 \qquad \text{Succinylsaures} \atop \text{Dicalcium.}$$

$$\left.\begin{array}{c}C^8\overset{''}{H}{}^4O^4 \\ Cl^2\end{array}\right\} \qquad \text{Succinylchlorür.}$$

$$N\left\{\begin{array}{c}C^8\overset{''}{H}{}^4O^4 \\ H\end{array}\right. \qquad \text{Succinylamid.}$$

$$N^2\left\{\begin{array}{c}C^8\overset{''}{H}{}^4O^4 \\ H^2 \\ H^2\end{array}\right. \qquad \text{Succinyldiamid.}$$

Die Citronensäure ist $C^{12}H^8O^{14}$. Sie bildet drei Reihen von Salzen, drei Reihen von Aetherarten mit 1, 2 oder 3 einatomigen Radicalen,

$$(3 \text{ Natriumsalze, } C^{12}H^7NaO^{14},$$
$$C^{12}H^6Na^2O^{14},$$
$$C^{12}H^5Na^3O^{14}.$$

3 Methylverbindungen, $C^{12}H^7(C^2H^3)O^{14},$
$$C^{12}H^6(C^2H^3)^2O^{14},$$
$$C^{12}H^5(C^2H^3)^3O^{14}.)$$

Amide, welche von $3NH^3$ abgeleitet werden müssen (s. S. 29), die Citronensäure ist daher dreiatomig.

Von $\left.\begin{array}{c}H^3 \\ H^3\end{array}\right\} O^6$ abgeleitet, bleibt für $H^3 - C^{12}\overset{'''}{H}{}^5O^8$ Citryl als Rest, daher Citronensäure, Citrylsäure

$$\left.\begin{array}{c}C^{12}\overset{'''}{H}{}^5O^8 \\ H^3\end{array}\right\} O^6.$$

Schliesslich noch ein Beispiel der Ableitung einer unorganischen Verbindung.

Der Alaun hat die Zusammensetzung $KO + Al^2O^3 + 4SO^3 + 24HO$. Wir leiten ihn typisch von $2\ \left.\begin{array}{l} S^{\overset{\prime\prime}{2}}O^4 \\ H^2 \end{array}\right\}O^4$ ab (die S^4 zeigen hierbei den Weg), und schreiben, da Al^2 in der Thonerde wie Fe^2 im Eisenoxyd äqual H^3 ist:

$$\left.\begin{array}{l} \left.\begin{array}{l} S^{\overset{\prime\prime}{2}}O^4 \\ H^2 \end{array}\right\}O^4 \\[2ex] \left.\begin{array}{l} S^{\overset{\prime\prime}{2}}O^4 \\ H^2 \end{array}\right\}O^4 \end{array}\right\} \qquad \left.\begin{array}{l} S^{\overset{\prime\prime}{2}}O^4\big\}\,O^4 \\ K\,.\,Al^2\big\} \\ S^{\overset{\prime\prime}{2}}O^4\big\}\,O^4 \end{array}\right\} + 24HO.$$

Ebenso wie Sauerstoffsäuren, Sulfosäuren, deren Salze u. s. f., leiten sich vom Wassertypus die Sauerstoffbasen, Sulfobasen, Alkohole, Aether.... ab.

Kaliumoxyd.   Kaliumsulfür.

$\left.\begin{array}{l} K \\ K \end{array}\right\}O^2.$ $\left.\begin{array}{l} K \\ K \end{array}\right\}S^2.$

Alkohol.   Aether.

$\left.\begin{array}{l} C^4H^5 \\ H \end{array}\right\}O^2.$ $\left.\begin{array}{l} C^4H^5 \\ C^4H^5 \end{array}\right\}O^2.$

Aethylenhydrat (Glycol).

$\left.\begin{array}{l} C^4\overset{\prime\prime}{H}{}^4 \\ H^2 \end{array}\right\}O^4.$

Glycerylhydrat (Glycerin).

$\left.\begin{array}{l} C^6\overset{\prime\prime}{H}{}^5 \\ H^3 \end{array}\right\}O^6.$

. . . .

2. Ableitungen vom Typus Wasserstoff.

Vom Typus $\left.\begin{array}{l} H \\ H \end{array}\right\}\ \left(\left.\begin{array}{l} H \\ Cl \end{array}\right\}\ ....\right)$ werden abgeleitet:

die Alkoholradicale:

Methyl.   Aethyl.

$\left.\begin{array}{l} C^2H^3 \\ C^2H^3 \end{array}\right\},$. $\left.\begin{array}{l} C^4H^5 \\ C^4H^5 \end{array}\right\} ....$

deren Wasserstoffverbindungen:

Methylwasserstoff.   Aethylwasserstoff.

$\left.\begin{array}{l} C^2H^3 \\ H \end{array}\right\},$ $\left.\begin{array}{l} C^4H^5 \\ H \end{array}\right\} ....$

die Chlor-, Brom-, Jod-... Verbindungen einatomiger Radicale:

Aethylchlorür.   Acetylchlorür.

$$C^4H^5 \atop Cl \Big\} \quad\quad\quad C^4H^3O^2 \atop Cl \Big\} \cdots$$

Die Aldehyde:

Aldehyd der Essigsäure.   Aldehyd der Proprionsäure.

$$C^4H^3O^2 \atop H \Big\} \quad\quad\quad C^6H^5O^2 \atop H \Big\} \cdots$$

Die zweiatomigen Kohlenwasserstoffe:

Aethylen.   Propylen.

$$C^4\ddot{H}^4| \quad\quad\quad C^6\ddot{H}^6|.$$

$$\text{vom Typus}\ \ {H^2 \atop Cl^2}\Big\} \cdots$$

Die Chlorüre, Bromüre .... zweiatomiger Radicale:

Aethylenchlorür.   Tartrylchlorür.

$$C^4\ddot{H}^4 \atop Cl^2 \Big\} \quad\quad\quad C^8\ddot{H}^4O^8 \atop Cl^2 \Big\} \cdots$$

$$\text{vom Typus}\ \ {H^3 \atop Cl^3}\Big\} \cdots$$

Die Chlorüre, Bromüre, Jodüre .... dreiatomiger Radicale:

Phosphoroxychlorid.   Glycerylbromür.

$$P\overset{\prime\prime\prime}{O}^2 \atop Cl^3 \Big\} \quad\quad\quad C^6\overset{\prime\prime\prime}{H}^5 \atop Br^3 \Big\} \cdots$$

3. Ableitungen vom Typus Ammoniak.

$$N\begin{cases}H\\H\\H\end{cases} \quad N^2\begin{cases}H^2\\H^2\\H^2\end{cases} \quad H^3\begin{cases}H^3\\H^3\\H^3\end{cases}\cdots$$

Alle ammoniakartigen Verbindungen:

Aethylamin.   Triäthylamin.   Triäthylarsamin.

$$N\begin{cases}C^4H^5\\ H\\ H\end{cases} \quad N\begin{cases}C^4H^5\\ C^4H^5\\ C^4H^5\end{cases} \quad As\begin{cases}C^4H^5\\ C^4H^5\\ C^4H^5\end{cases}\cdots$$

Succinyldiamid.   Citryl-Triphenyltriamid.

$$N^2\begin{cases}C^8\ddot{H}^4O^4\\ H^2\\ H^2\end{cases} \quad\quad N^3\begin{cases}C^{12}\ddot{H}^5O^8\\ (C^{12}H^5)^3\\ H^3\end{cases}$$

u. s. f.

Gorup-Besanez hat in seinen „Tafeln zur Erläuterung der Typentheorie" alles, was zum Typ gehört, roth drucken lassen, so dass die schwarz gedruckten Radicale um so deutlicher hervortreten.

Also:

$$\text{Weinsäure} \qquad \left. \begin{array}{l} C^8\overset{..}{H}^4O^8 \\ H^{..} \end{array} \right\} O^2$$

$$\text{Weinsaures Kalium} \qquad \left. \begin{array}{l} C^8\overset{..}{H}^4O^8 \\ H\,.\,K \end{array} \right\} O^2$$

$$\text{Weinsaures Aethylkalium} \qquad \left. \begin{array}{l} C^8\overset{..}{H}^4O^8 \\ C^4H^5\,.\,K \end{array} \right\} O^2$$

V. Entwickelung der Typentheorie.

18.

Wir geben im Folgenden diejenigen Thatsachen und Erfahrungssätze, welche für die Entwickelung der neuen Theorie besonders maassgebend geworden sind, und zwar werden wir zuvörderst einige der einflussreichsten Untersuchungen besprechen und darauf die allgemeinen Betrachtungen folgen lassen.

In erste Reihe müssen wir hierbei die über die Constitution des Aethers gewonnenen Anschauungen setzen, denn seitdem anstatt der alten Formel C^4H^5O die verdoppelte $C^8H^{10}O^2$ als die richtigere anerkannt werden musste, hat die neue Theorie eine Stütze erhalten, auf der sie sicher weiter bauen konnte.

Williamson trat 1850 mit der Ansicht auf, der Aether müsse ein doppelt so grosses Molekulargewicht besitzen, als seither angenommen worden, und brachte schlagende Beweise dafür vor.

Fassen wir das Material wie folgt zusammen.

1. Schreibt man den Aether C^4H^5O, so lässt sich nach der allgemeinen Regel die unpaare Einheit des Sauerstoffs nicht rechtfertigen.

2. Der Aether mit der Formel C^4H^5O erfüllt in Dampfform den Raum von 2 vol., alle gut untersuchten organischen Verbindungen nehmen aber in Dampfform den Raum von 4 vol., auf die Einheit bezogen, ein (s. u.).

Das Molekül HCl Chlorwasserstoff wiegt in Dampfform 1.261, wenn Luft $= 1$ (spec. Gew. des Chlorwasserstoffgases).

3*

Wir wissen aber, dass das Molekül HCl (HCl) aus 2 vol. Wasserstoff und 2 vol. Chlor zusammengesetzt ist.

$$2 \text{ vol. H wiegen } 2 \times 0.0693 = 0.1386$$
$$2 \text{ vol. Cl wiegen } 2 \times 2.4530 = 4.9060$$
$$5.0446$$

Durch 4 dividirt, erhält man in der That obige Zahl für das spec. Gew. des HClgases:

$$\frac{5.0440}{4} = 1.261$$

Wasser wiegt in Dampfform 0.6239, und zwar besteht es nach der alten Theorie aus:

nach der alten Theorie aus:

$$2 \text{ vol. H} = 0.1386$$
$$1 \text{ vol. O} = 1.1093$$
$$1.2479$$

$$\frac{1.2479}{2} = 0.6239$$

nach der neuen Theorie aus:

$$4 \text{ vol. H} = 0.2772$$
$$2 \text{ vol. O} = 2.2186$$
$$2.4958$$

$$\frac{2.4958}{4} = 0.6239.$$

Die Formeln für Elayl C^4H^4 und für Weingeist $C^4H^6O^2$ sind längst als die richtigen anerkannt.

$C^4H^6O^2$ kann aber entstehen aus Elayl und Wasser, es enthält die Elemente von beiden.

C^4H^4 besitzt das spec. Gew. 0.9678.

$$C^4 = 4 \times 0.8292 = 3.3168$$
$$H^4 = 8 \times 0.0693 = 0.5544$$
$$\text{(8 vol. H)}$$
$$\frac{3.8712}{4} = 0.9678.$$

Gefunden wurde 0.96 bis 0.97. Also Condensation auf 4 Volumina.

Das spec. Gew. des Alkoholdampfes wurde zu 1.6133 gefunden.

Ziehen wir von dieser Zahl das spec. Gew. des Wasserdampfes ab, so bleibt

$$1.6133$$
$$0.6239$$
$$0.9894$$

statt 0.9678 für C^4H^4.

$$C^4H^4 \qquad H^2O^2$$
$$\frac{3.8712 + 2.4958}{4}$$

ist aber $= 1.5918$, nahe 1.6. Also findet bei dem Alkohol-dampf ebenfalls Condensation auf 4 Volumina statt.

Die Dampfdichte des Aethers wurde zu 2.565 gefunden.

Eine einfache Zusammenstellung zeigt, dass diese Zahl die Summe der spec. Gewichte von Alkohol- und Elayldampf ist, denn

$$1.5918 \ (C^4H^6O^2)$$
$$+ \ 0.9678 \ (C^4H^4)$$
$$= 2.5596,$$

dass ferner

$$\frac{\overset{C^4H^4}{3.8712} + \overset{C^4H^4}{3.8712} + \overset{H^2O^2}{2.4958}}{4} = 2.5596,$$

oder dass Condensation auf 4 Volumina stattfindet.

Die Formel C^4H^5O lässt nur Condensation auf 2 Volumina zu

$$\frac{\overset{C^4H^4}{3.8712} + \overset{HO}{1.2479}}{2} = 2.5596,$$

dann ist aber aller Zusammenhang gestört, man frägt vergebens, warum die allgemeine Condensation auf 4 Volumina nicht statt hat, vergebens, warum das Wassermolekül zu HO wird, während gerade aus obstehender Deduction die molekulare Grösse H^2O^2 so anschaulich wird, vergebens endlich, und dies ist am handgreiflichsten, weshalb die Dampfdichte von C^4H^5O fast noch einmal so gross als diejenige von $C^4H^6O^2$ sein soll, während ein Blick auf die Tabelle der spec. Gewichte der Gase zeigt, dass ein Körper, der mehr gleichartige Elemente enthält als ein anderer, auch entsprechend schwerer in Dampf-form wiegt.

3. Einen weiteren Beweis für die Richtigkeit der Formel $C^8H^{10}O^2$ liefern uns die sogenannten Doppeläther.

Kein Chemiker bezweifelt, dass der Methyläthyläther $C^2H^3 . C^4H^5 . O^2$, der Methylamyläther $C^4H^5 . C^{10}H^{11} . O^2 . . . .$ chemische Verbindungen und nicht etwa Gemenge von Methyl-äther und Aethyläther, von Aethyl- und Amyläther. . . . sind, denn diese Verbindungen besitzen einen constanten Siedepunkt, constante Dampfdichte, überhaupt ganz bestimmte Eigenschaften.

Wir leiten sie vom Typus $\left.\begin{array}{c}\text{H} \\ \text{H}\end{array}\right\} O^2$ ab. Als Beispiel für die Bildung diene:

$$\underset{\text{Kaliumalkoholat.}}{\left.\begin{array}{c}C^4H^5 \\ K\end{array}\right\} O^2} + \underset{\text{Methyljodür.}}{\left.\begin{array}{c}C^2H^3 \\ J\end{array}\right\}} = \left.\begin{array}{c}K \\ J\end{array}\right\} + \underset{\text{Methyläthyläther.}}{\left.\begin{array}{c}C^2H^3 \\ C^4H^5\end{array}\right\} O^2}.$$

Soll Kaliumalkoholat anders auf Aethyljodür einwirken und $C^8H^{10}O^2$ sich in $2\,C^4H^5O$ spalten? Die Annahme wäre unpassend. Daher sagen wir:

$$\left.\begin{array}{c}C^4H^5 \\ K\end{array}\right\} O^2 + \left.\begin{array}{c}C^4H^5 \\ J\end{array}\right\} = \left.\begin{array}{c}K \\ J\end{array}\right\} + \left.\begin{array}{c}C^4H^5 \\ C^4H^5\end{array}\right\} O^2 \quad \text{(Aether)}.$$

4. Aethylbromür mit weingeistiger Kalilösung behandelt, giebt Aether und Bromkalium. Die Substanzen werden in verschlossenen Glasröhren auf 100 ⁰ erhitzt.

Wenn $\left.\begin{array}{c}C^4H^5 \\ Br\end{array}\right\} + KO = KBr + C^4H^5O$ geben soll, so müssen aus 109 Th. Aethylbromür und 47 Th. Kali 37 Th. Aether gebildet werden (C^4H^5Br, Aequivalent 109, KO 47, C^4H^5O 37).

Dem ist aber nicht so. Denn

a) Fand Berthollet beim Versuch fast das Doppelte. 22 Gramm Aethylbromür lieferten nämlich 12 Gramme Aether statt 7.5, was dem Verhältniss 109 : 37 entsprochen hätte. Die Menge $2 \times 7.5 = 15$ Gramme konnte unvermeidlicher Verluste wegen nicht erreicht werden. Der Alkohol der weingeistigen Kalilösung musste daher wohl mit gewirkt haben. Alkohol und Kaliumhydrat hatten Kaliumalkoholat und Wasser gegeben:

$$\left.\begin{array}{c}C^4H^5 \\ H\end{array}\right\} O^2 + \left.\begin{array}{c}K \\ H\end{array}\right\} O^2 = \left.\begin{array}{c}C^4H^5 \\ K\end{array}\right\} O^2 + H^2O^2,$$

Kaliumalkoholat und Aethylbromür aber Bromkalium und Aether

$$\left.\begin{array}{c}C^4H^5 \\ K\end{array}\right\} O^2 + \left.\begin{array}{c}C^4H^5 \\ Br\end{array}\right\} = \left.\begin{array}{c}K \\ Br\end{array}\right\} + \left.\begin{array}{c}C^4H^5 \\ C^4H^5\end{array}\right\} O^2.$$

Daher die fast doppelt so grosse Menge Aether als C^4H^5Br liefern konnte.

b) Wird 1 Aequivalent Aethylbromür mit weniger als 1 Aequivalent weingeistigem Kali zersetzt, so bleibt Aethylbromür theilweise unzersetzt.

c)　Bedient man sich anstatt alkoholischer Kalilösung einer Mischung von Kaliumhydrat und Holzgeist, so erfolgt die Bildung des Doppeläthers von Methyl und Aethyl $\left.\begin{array}{c}C^2H^3\\C^4H^5\end{array}\right\}O^2$.

5.　Aus Weingeist und Schwefelsäure entsteht bekanntlich Aether.

Werden 9 Theile englische Schwefelsäure mit 5 Theilen 90proc. Alkohol langsam gemischt, destillirt man dann ab, so zwar, dass die Flüssigkeit in der tubulirten Retorte durch zufliessenden Alkohol immer auf gleichem Niveau erhalten wird, so geht der Aether reichlich über.

Alkohol und Schwefelsäure bilden beim Vermischen Aethylschwefelsäure.

$$\left.\begin{array}{c}C^4H^5.S^2O^6\\H\end{array}\right\}O^2 \quad \text{oder} \quad \left.\begin{array}{c}S^2\overset{\prime\prime}{O}{}^4\\H.C^4H^5\end{array}\right\}O^4.$$

Man nahm früher an, diese Verbindung zerlege sich in höherer Temperatur (124^0 Liebig) in Schwefelsäure, Aether und Wasser $2SO^3.HO.C^4H^5O$.

Das Gemenge von Schwefelsäure und Weingeist kocht bei 140^0, der zufliessende kalte Weingeist kühlt auf 124^0 ab, es erfolgt die Trennung, gleichzeitig verbindet sich die abgeschiedene Schwefelsäure mit dem neuhinzugekommenen Weingeist u. s. f.

Williamson brachte nun Amylalkohol und Schwefelsäure zusammen, liess aber Aethylalkohol nachfliessen.　Nach beendigter Operation fand sich in der Retorte Aethylschwefelsäure, es war Amyläthyläther übergegangen.

$$\left.\begin{array}{c}C^{10}H^{11}\\H\end{array}\right\}O^2 + \left.\begin{array}{c}S^2\overset{\prime\prime}{O}{}^4\\H^2\end{array}\right\}O^4 = \left.\begin{array}{c}S^2\overset{\prime\prime}{O}{}^4\\H.C^{10}H^{11}\end{array}\right\}O^4 + H^2O^2,$$

$$\left.\begin{array}{c}S^2\overset{\prime\prime}{O}{}^4\\H.C^{10}H^{11}\end{array}\right\}O^4 + 2\left.\begin{array}{c}C^4H^5\\H\end{array}\right\}O^2 = \left.\begin{array}{c}S^2\overset{\prime\prime}{O}{}^4\\H.C^4H^5\end{array}\right\}O^4 + \left.\begin{array}{c}C^4H^5\\C^{10}H^{11}\end{array}\right\}O^2 + H^2O^2$$

Die Reaction ist bei dem gewöhnlichen Alkohol offenbar die gleiche, d. h. Alkohol und Schwefelsäure bilden zunächst Aethylschwefelsäure, welche in Berührung mit dem nachfliessenden Alkohol zur Abscheidung von Aether, aber auch gleich wieder zur Bildung neuer Aethylschwefelsäure Veranlassung giebt, u. s. f.

$$\left.\begin{array}{l} C^4H^5 \\ H \end{array}\right\} O^2 + \left.\begin{array}{l} S^2\overset{''}{O}{}^4 \\ H^2 \end{array}\right\} O^4 = \left.\begin{array}{l} S^2\overset{''}{O}{}^4 \\ H\,.\,C^4H^5 \end{array}\right\} O^4 + H^2O^2.$$

$$\left.\begin{array}{l} S^2\overset{''}{O}{}^4 \\ H\,.\,C^4H^5 \end{array}\right\} O^4 + 2\left.\begin{array}{l} C^4H^5 \\ H \end{array}\right\} O^2 = \left.\begin{array}{l} S^2\overset{''}{O}{}^4 \\ H\,.\,C^4H^5 \end{array}\right\} O^4 + \left.\begin{array}{l} C^4H^5 \\ C^4H^5 \end{array}\right\} O^2 + H^2O^2.$$

6. Man hat vielfach zu beobachten Gelegenheit gehabt, dass eine constante Siedepunktserniedrigung von 44° eintritt, wenn in einer Verbindung H durch C^4H^5 ersetzt wird, z. B.:

<table>
<tr><td></td><td>Essigsäure.</td><td>Essigsaures Aethyl.</td></tr>
<tr><td>Siedepunkt:</td><td>118°</td><td>74°</td></tr>
<tr><td>Formel:</td><td>$\left.\begin{array}{l} C^4H^3O^2 \\ H \end{array}\right\} O^2,$</td><td>$\left.\begin{array}{l} C^4H^3O^2 \\ C^4H^5 \end{array}\right\} O^2.$</td></tr>
</table>

<table>
<tr><td></td><td>Weingeist.</td><td>Aether.</td></tr>
<tr><td>Siedepunkt:</td><td>78°</td><td>34°</td></tr>
<tr><td>Formel:</td><td>$\left.\begin{array}{l} C^4H^5 \\ H \end{array}\right\} O^2,$</td><td>also $\left.\begin{array}{l} C^4H^5 \\ C^4H^5 \end{array}\right\} O^2.$</td></tr>
</table>

Wird der gewöhnliche Aether $\left.\begin{array}{l} C^4H^5 \\ C^4H^5 \end{array}\right\} O^2$ geschrieben, so gilt dieses nun auch für alle analogen Verbindungen; die einfachen Aether der fetten Säurereihe sind daher allgemein

$$\left.\begin{array}{l} C^{2n}H^{2n+1} \\ C^{2n}H^{2n+1} \end{array}\right\} O^2 \text{ oder } \left.\begin{array}{l} \mathrm{G}^n H^{2n+1} \\ \mathrm{G}^n H^{2n+1} \end{array}\right\} \Theta,$$

die gemischten Aether

$$\left.\begin{array}{l} C^{2n}H^{2n+1} \\ C^{2m}H^{2m+1} \end{array}\right\} O^2 \text{ oder } \left.\begin{array}{l} \mathrm{G}^n H^{2n+1} \\ \mathrm{G}^m H^{2m+1} \end{array}\right\} \Theta.$$

Wir haben diesen Gegenstand absichtlich mit einiger Ausführlichkeit behandelt, da er nicht nur eine Prinzipienfrage der neuen Theorie berührt, sondern auch weil in den Gegenstand Uneingeweihte häufig Anstand nehmen, einzusehen, dass die anscheinend einfache Formel C^4H^5O, wie so manche andere, einen vervielfachten, verdoppelten molekularen Werth erhalten müsse.

19.

Fast um dieselbe Zeit als Williamson's Untersuchungen über den Aether bekannt wurden, machten Wurtz und Hofmann (1848) die Entdeckung der zusammengesetzten Ammoniake, und durch ihre sowohl als vieler Anderer Arbeiten über diesen Gegenstand sind wir in wenigen Jahren mit einer ausserordentlich grossen Anzahl künstlicher stickstoffhaltiger Basen bekannt geworden; man hat ferner in neuester Zeit andere Reihen solcher Verbindungen gewonnen, in welchen an Stelle des Stickstoffs die gleichwerthigen Phosphor, Arsen.... functioniren.

Triäthylamin.   Triäthylphosphamin.   Triäthylarsamin.

$$N\begin{cases}C^4H^5\\C^4H^5\\C^4H^5\end{cases}\qquad P\begin{cases}C^4H^5\\C^4H^5\\C^4H^5\end{cases}\qquad As\begin{cases}C^4H^5\\C^4H^5\\C^4H^5\end{cases}$$

Wurtz fand das Methylamin (Methyliak), $N\begin{cases}C^2H^3\\H\\H\end{cases}$,

Aethylamin (Aethyliak), $N\begin{cases}C^4H^5\\H\\H\end{cases}$, Amylamin (Amyliak),

$N\begin{cases}C^{10}H^{11}\\H\\H\end{cases}$, als er cyansaure und cyanursaure Aetherarten mit Kali destillirte.

Cyansaures Methyl.   ·Methylamin.   Kohlensaures Kalium.

$$\left.\begin{matrix}C^2N\\C^2H^3\end{matrix}\right\}O^2 + 2\left.\begin{matrix}K\\H\end{matrix}\right\}O^2 = N\begin{cases}C^2H^3\\H\\H\end{cases} + C^2K^2O^6.$$

Hofmann lehrte 1850 diese Körper bequemer darstellen, nämlich durch Einwirkung von Ammoniak auf die betreffenden Chlor-, Brom- oder Jod-Verbindungen, ein Verfahren, welches ganz allgemein üblich geworden ist.

$$\left.\begin{matrix}C^4H^5\\J\end{matrix}\right\} + N\begin{cases}H\\H\\H\end{cases} = N\begin{cases}C^4H^5\\H\\H\\H\end{cases}.J,$$

analog NH^4J. Mit Kali destillirt, geht Aethylamin über, gerade wie durch Behandeln von NH^4Cl mit Kali Ammoniak frei wird.

$$N \begin{cases} C^4H^5 \\ H \\ H \\ H \end{cases} \cdot J + \begin{matrix} K \\ H \end{matrix} \Big\} O^2 = N \begin{cases} C^4H^5 \\ H \\ H \end{cases} + KJ + 2HO.$$

Aethylamin.

$$\text{Ferner:} \quad \begin{matrix} C^4H^5 \\ J \end{matrix} \Big\} + N \begin{cases} C^4H^5 \\ H \\ H \end{cases} = N \begin{cases} C^4H^5 \\ C^4H^5 \\ H \\ H \end{cases} \cdot J.$$

Dieses giebt mit Kali Diäthylamin $N \begin{cases} C^4H^5 \\ C^4H^5 \\ H \end{cases}$, aus dem man

wieder auf gleiche Weise Triäthylamin $N \begin{cases} C^4H^5 \\ C^4H^5 \\ C^4H^5 \end{cases}$ erhält.

Die ammoniakartigen Verbindungen der Alkoholradicale C^2H^3, C^4H^5.... haben die grösste Aehnlichkeit mit dem Ammoniak im freien Zustande und in ihren Salzen.

Alle möglichen Radicale (ein- und mehratomige) können den Wasserstoff (1- und mehrere H) im Ammoniak ersetzen, die Verbindungen sich mit $1\,NH^3$, $2\,NH^3$, $3\,NH^3$ bilden und von dem Ammoniak in ihren Eigenschaften mehr oder weniger verschieden sein, ihren Charakter verleugnen sie jedoch nie.

Oxalyldiamid. (Oxamid.)   Citryl-Triphenyl-Triamid.

$$N^2 \begin{cases} C^{\overset{''}{4}}O^4 \\ H^2 \\ H^2 \end{cases} \cdot \qquad\qquad N^3 \begin{cases} C^{12}\overset{'''}{H}{}^5O^8 \\ (C^{12}H^5)^3 \\ H^3 \end{cases} \cdot$$

Auch die ammoniakartigen Körper waren der Entwickelung der neuen Theorie sehr förderlich.

20.

Von ganz besonderem Einfluss waren die Forschungen über die **mehrbasischen Säuren**.

Liebig stellte zuerst (1838) den Satz auf, dass eine Säure, je nach der Anzahl von Basiseinheiten, welche sie aufzunehmen im Stande (1, 2, 3....), als ein-, zwei- oder dreibasisch zu betrachten sei. Man sah damals bereits die gewöhnliche Phosphorsäure als dreibasisch an, nicht aber die Schwefelsäure und andere Säuren als zweibasische. Liebig schrieb derzeit, dass die Schwefelsäure keine zweibasische Säure sei, weil sie sich direct mit $1KO$ verbinden könne ($KO \cdot SO^3$; $KO \cdot 2SO^3$). Wir werden auf diesen Gegenstand noch zurückkommen.

Gerhardt hat das grosse Verdienst, die mehrbasischen Säuren und mehrbasische Verbindungen überhaupt zuerst präcise charakterisirt zu haben. Er hatte gemeinschaftlich mit Williamson die von diesem Forscher aufgestellten Betrachtungen über den Aether (1851) auf die Säuren auszudehnen begonnen und fand bald (1852), dass die wasserfreie Essigsäure (Anhydrid der Essigsäure) zu dieser selbst in demselben Verhältniss stehe, wie der der Aether zum Weingeist. Sollte

$$\text{Essigsäure} \quad \left.\begin{matrix} C^4H^3O^2 \\ H \end{matrix}\right\} O^2 \quad \text{durch die Wärme oder andere Agen-}$$

tien in $C^4H^3O^3 + HO$ zerfallen? Der Versuch zeigte, dass es nicht der Fall, ebensowenig wie man aus Weingeist durch die Wärme HO austreiben und C^4H^5O erhalten kann, die Theorie aber, dass es gar nicht der Fall sein konnte, es wäre sonst den Regeln von der paaren Anzahl der eine Verbindung zusammensetzenden Einheiten und von der molekularen Grösse des Wassers H^2O^2 direct widersprochen worden. Wie man Aether nicht erhalten kann aus 1 Molekül Weingeist allein, sondern noch einer Verbindung, worin ein zweites Aethyl C^4H^5 enthalten, bedarf, so hat man auch, um aus Essigsäure oder einem essigsauren Salze wasserfreie Essigsäure zu bekommen, eine Acetyl $C^4H^3O^2$ enthaltende Verbindung mitwirken zu lassen, und ähnlich bei der Darstellung der sogenannten wasserfreien einbasischen Säuren überhaupt zu Werke zu gehen.

Das Chlorür, Bromür, Jodür des betreffenden Radicals zu gebrauchen, lag wohl am nächsten, und so stellte Gerhardt aus Essigsäure (oder essigsaurem Kalium) und Acetylchlorür das Anhydrid der Essigsäure dar:

$$\left.\begin{array}{c}C^4H^3O^2\\K\end{array}\right\}O^2 + \left.\begin{array}{c}C^4H^3O^2\,{}^*)\\Cl\end{array}\right\} = \left.\begin{array}{c}C^4H^3O^2\\C^4H^3O^2\end{array}\right\}O^2 + \left.\begin{array}{c}K\\Cl\end{array}\right\}.$$

In dieser Gestalt entspricht das Essigsäureanhydrid auch in Dampfform 4 vol.; die Formel $C^4H^3O^3$ verwerfen wir wie C^4H^5O.

Anhydride zweibasischer Säuren lassen sich zwar auch vermittelst der Chlorüre der respectiven Säuren gewinnen, mehrentheils indessen schon durch Erhitzen der Säure selbst, da jetzt das Molekül H^2O^2 in Betracht kommt und als besonderes Molekül sich vom Ganzen trennen kann.

Weinsäure.   (Weinsäureanhydrid.)

$$\left.\begin{array}{c}C^8\overset{''}{H}{}^4O^8\\H^2\end{array}\right\}O^4 = \left.\begin{array}{c}C^8\overset{''}{H}{}^4O^8\end{array}\right\}O^2 + H^2O^2.$$

$$\left(\text{Typus }\begin{array}{c}H\\H\end{array}\right\}O^2.\right)$$

Eine mehratomige (mehrbasische) Säure ist nun nach Gerhardt durch Folgendes charakterisirt:

1. Es bestehen saure Salze.

2. Es bestehen Doppelsalze. Beides findet auch bei gewissen einatomigen Säuren statt, wenn schon die Componenten der Verbindung nicht so fest an einander gebunden erscheinen.

3. Die mehratomigen Säuren bilden mehrere Aetherarten, der Basicität der Säure entsprechend.

Essigsaures Methyl.   Weinsaures Methyl.   Citronensaures Methyl.

$$\left.\begin{array}{c}C^4H^3O^2\\C^2H^3\end{array}\right\}O^2. \qquad \left.\begin{array}{c}C^8\overset{''}{H}{}^4O^8\\H\,.\,C^2H^3\end{array}\right\}O^4. \qquad \left.\begin{array}{c}C^{12}\overset{'''}{H}{}^5O^8\\H^2\,.\,C^2H^3\end{array}\right\}O^6.$$

Weinsaures Dimethyl.   Citronensaures Dimethyl.

$$\left.\begin{array}{c}C^8\overset{''}{H}{}^4O^8\\(C^2H^3)^2\end{array}\right\}O^4. \qquad \left.\begin{array}{c}C^{12}\overset{'''}{H}{}^5O^8\\H\,.\,(C^2H^3)^2\end{array}\right\}O^6.$$

Citronensaures Trimethyl.

$$\left.\begin{array}{c}C^{12}\overset{'''}{H}{}^5O^8\\(C^2H^3)^3\end{array}\right\}O^6.$$

---

*) Acetylchlorür erhält man durch Einwirkung von Chlorverbindungen des Phosphors auf ein essigsaures Salz.

Essigsaures Kalium.   Phosphoroxychlorid.

$$3\left(\left.\begin{array}{c}C^4H^3O^2\\K\end{array}\right\}O^2\right) + \left.\begin{array}{c}\overset{'''}{P}O^2\\Cl^3\end{array}\right\} = 3\left.\begin{array}{c}C^4H^3O^2\\Cl\end{array}\right\} + PK^3O^8.$$

4. Die neutralen wie die sauren Aetherarten bilden 4 Volumen Dampf, nach der älteren Schreibart zum Theil nur 2 Vol.

$$\text{Neu:} \quad \left.\begin{matrix} S^{2}\overset{''}{O}{}^{4} \\ H\,.\,C^{4}H^{5} \end{matrix}\right\}O^{4}, \qquad \left.\begin{matrix} S^{2}\overset{''}{O}{}^{4} \\ (C^{4}H^{5})^{2} \end{matrix}\right\}O^{4} \;.\;.\; 4\ \text{Vol. in Dampfform.}$$

$$\text{Alt:} \left\{\begin{matrix} C^{4}H^{5}O\,.\,SO^{3} + HOSO^{3}\ (\text{Aether-Schwefelsäure}),\ 4\ \text{Vol. in} \\ \text{Dampfform.} \\ C^{4}H^{5}O\,.\,SO^{3}\ (\text{Schwefelsaures Aethyloxyd}),\ 2\ \text{Vol. in Dampff.} \end{matrix}\right.$$

5. Eine einatomige Säure bildet ein Amid mit dem Radical der Säure, eine zwei- oder mehratomige kann mehrere solche Amide der Atomigkeit gemäss bilden.

$$\text{Essigsäure (einatomig)} \quad N\left\{\begin{matrix} C^{4}H^{3}O^{2} \\ H \\ H \end{matrix}\right. \quad (\text{Acetylamid}),$$

$$\text{Bernsteinsäure (zweiatomig)} \quad N\left\{\begin{matrix} C^{8}\overset{''}{H}{}^{4}O^{4} \\ H \end{matrix}\right. \quad \begin{matrix}\text{Succinylamid} \\ \text{(Succinimid),}\end{matrix}$$

$$\text{und}\ N^{2}\left\{\begin{matrix} C^{8}\overset{''}{H}{}^{4}O^{4} \\ H^{2} \\ H^{2} \end{matrix}\right. \quad \begin{matrix}\text{Succinyldiamid} \\ \text{(Succinamid),}\end{matrix}$$

Bei zweiatomigen Säuren bestehen die sich einatomig verhaltenden Aminsäuren: *)

*) Die Bildung der Amidkörper zweiatomiger Säuren findet namentlich statt:

Oxalsaures Biammonium.   Oxamid.

$$1.\quad \left.\begin{matrix} C^{4}\overset{''}{O}{}^{4} \\ (NH^{4})^{2} \end{matrix}\right\}O^{4} - H^{4}O^{4} = N^{2}\left\{\begin{matrix} C^{4}\overset{''}{O}{}^{4} \\ H^{2} \\ H^{2} \end{matrix}\right. .$$

Oxalsaures Biäthyl.   Weingeist.

$$2.\quad \left.\begin{matrix} C^{4}\overset{''}{O}{}^{4} \\ (C^{4}H^{5})^{2} \end{matrix}\right\} + 2\,NH^{3} = N^{2}\left\{\begin{matrix} C^{4}\overset{''}{O}{}^{4} \\ H^{2} \\ H^{2} \end{matrix}\right. + 2\left.\begin{matrix} C^{4}H^{5} \\ H \end{matrix}\right\}O^{2}.$$

Bernsteinsaures Ammonium.   Succinimid.

$$3.\quad \left.\begin{matrix} C^{8}\overset{''}{H}{}^{4}O^{4} \\ NH^{4}\,.\,H \end{matrix}\right\}O^{4} - H^{4}O^{4} = N\left\{\begin{matrix} C^{8}\overset{''}{H}{}^{4}O^{4} \\ H \end{matrix}\right. .$$

Succinamid.

$$4.\quad N^{2}\left\{\begin{matrix} C^{8}\overset{''}{H}{}^{4}O^{4} \\ H^{2} \\ H^{2} \end{matrix}\right\} - NH^{3} = N\left\{\begin{matrix} C^{8}\overset{''}{H}{}^{4}O^{4} \\ H \end{matrix}\right. .$$

Succinaminsäure.   Succinaminsaures Silber.

$$\mathrm{N}\left\{\begin{array}{l}\mathrm{C^8\overset{''}{H}{}^4O^4}\\[2pt]\mathrm{H^2}\\[2pt]\mathrm{H}\end{array}\right\}\mathrm{O^2},\qquad\qquad \mathrm{N}\left\{\begin{array}{l}\mathrm{C^8\overset{''}{H}{}^4O^4}\\[2pt]\mathrm{H^2}\\[2pt]\mathrm{Ag}\end{array}\right\}\mathrm{O^2}.$$

6. Die einatomigen Säuren unterscheiden sich von den zweiatomigen namentlich durch die Constitution der Anhydride, wie so eben erläutert wurde.

Essigsäureanhydrid.   Weinsäureanhydrid.

$$\left.\begin{array}{l}\mathrm{C^4H^3O^2}\\[2pt]\mathrm{C^4H^3O^2}\end{array}\right\}\mathrm{O^2},\qquad\qquad\qquad \mathrm{C^8\overset{''}{H}{}^4O^4\}\,O^2.}$$

Wir geben an diesem Orte noch die Formeln einiger mehratomigen anorganischen Säuren, indem wir wegen der molekularen Werthe der respectiven Elemente auf den letzten Theil verweisen.

Schwefelsäurehydrat. Wasserfreie Schwefelsäure.

$$\left.\begin{array}{l}\mathrm{\overset{2''}{S}O^4}\\[2pt]\mathrm{H^2}\end{array}\right\}\mathrm{O^4}=\mathrm{\overset{2''}{S}O^4\}\,O^2,}$$

Kieselsäurehydrat. Kieselsäure.

$$\left.\begin{array}{l}\mathrm{\overset{'''}{Si}{}^2}\\[2pt]\mathrm{H^4}\end{array}\right\}\mathrm{O^8}=\mathrm{\overset{''''}{Si}{}^2\}\,O^4,}$$

Borsäurehydrat.   Borsäure.

$$\left.\begin{array}{l}\mathrm{\overset{''}{B}}\\[2pt]\mathrm{H^3}\end{array}\right\}\mathrm{O^6},\qquad\qquad \left.\begin{array}{l}\mathrm{\overset{'''}{B}}\\[2pt]\mathrm{\overset{'''}{B}}\end{array}\right\}\mathrm{O^6},$$

Oxalsaures Ammonium.   Oxaminsäure.

$$5.\quad \left.\begin{array}{l}\mathrm{\overset{4''}{C}O^4}\\[2pt]\mathrm{NH^4\cdot H}\end{array}\right\}\mathrm{O^4}-\mathrm{H^2O^2}=\mathrm{N}\left\{\begin{array}{l}\mathrm{\overset{4''}{C}O^4}\\[2pt]\mathrm{H^2}\\[2pt]\mathrm{H}\end{array}\right\}\mathrm{O^2}.$$

Silber-Succinimid.   Succinaminsaures Silber.

$$6.\quad \mathrm{N}\left\{\begin{array}{l}\mathrm{C^8\overset{''}{H}{}^4O^4}\\[2pt]\mathrm{Ag}\end{array}\right\}+\mathrm{H^2O^2}=\mathrm{N}\left\{\begin{array}{l}\mathrm{C^8\overset{''}{H}{}^4O^4}\\[2pt]\mathrm{H^2}\\[2pt]\mathrm{Ag}\end{array}\right\}\mathrm{O^2}.$$

Camphorsäureanhydrid.   Camphoraminsäure.

$$7.\quad \mathrm{C^{20}\overset{''}{H}{}^{14}O^4\}\,O^2}+\mathrm{NH^3}=\mathrm{N}\left\{\begin{array}{l}\mathrm{C^{20}\overset{''}{H}{}^{14}O^4}\\[2pt]\mathrm{H^2}\\[2pt]\mathrm{H}\end{array}\right\}\mathrm{O^2}.$$

Camphoraminsäure.   Camphorimid.

$$8.\quad \mathrm{N}\left\{\begin{array}{l}\mathrm{C^{20}\overset{''}{H}{}^{14}O^4}\\[2pt]\mathrm{H^2}\\[2pt]\mathrm{H}\end{array}\right\}\mathrm{O^2}-\mathrm{H^2O^2}=\mathrm{N}\left\{\begin{array}{l}\mathrm{C^{20}\overset{''}{H}{}^{14}O^4}\\[2pt]\mathrm{H}\end{array}\right.$$

Phosphorsäurehydrat.   Wasserfreie Phosphorsäure.

$$H^3\overset{\dots}{P}O^2\big\}\,O^6, \qquad \left.\begin{array}{c}\overset{\dots}{P}O^2\\[2pt]\overset{\dots}{P}O^2\end{array}\right\}\,O^6.$$

Die wasserfreien dreiatomigen Säuren scheinen sich in der Formulirung den einatomigen anzuschliessen.

Die neue Theorie der ein- und mehratomigen Säuren hat wesentlich dazu beigetragen, die Molekulargrösse von Säuren und Salzen festzustellen, viele klareren Ansichten zur Entwickelung zu bringen und mannichfaltige Verbindungen zu entdecken.

21.

Den Arbeiten über die ein- und mehrbasischen Säuren folgten solche über die ein- und mehrsäurigen Basen, und zwar gehört ein grosser Theil dieser letzteren der neuesten Zeit an.

Seit Chevreuil gezeigt hatte, dass die natürlichen Fette Verbindungen fetter Säuren mit einem eigenthümlichen basischen Körper, dem Glycerin, seien, studirte man vielerseits diese so allgemein verbreitete Verbindung und kam in der Folge zu dem Schluss, dass dieselbe nichts anderes als ein dreisäuriger (dreiatomiger) Alkohol ist. Die natürlichen Fette sind Verbindungen des Glycerins mit 3 Molekülen fetter Säure, (Stearinsäure, Palmitinsäure ....) Es wurden nun Combinationen mit einer grossen Anzahl von Säuren dargestellt, und zwar nicht blos solcher, welche, analog den Fetten, 1 Glycerin auf 3 Moleküle einatomiger Säure enthielten, sondern auch Combinationen mit ein und zwei einatomigen Säuren mit einer zweiatomigen, mit einer zwei- und einer einatomigen, mit einer dreiatomigen Säure: kurz, es liessen sich im Glycerin 3H durch Gleichwerthiges substituiren. Im Glycerin, $C^6H^8O^6$, bleibt daher bei der Ableitung von $\left.\begin{array}{c}H^3\\H^3\end{array}\right\}O^6$ für H^3 der Rest $C^6\overset{\dots}{H}^5$ als dreiatomiges Radical (Glyceryl), und wir schreiben

$$\text{Glycerin}\;\; C^6H^8O^6 = \left.\begin{array}{c}C^6\overset{\dots}{H}^5\\[2pt]H^3\end{array}\right\}\,O^6.$$

Beispiel.

Verbindungen des Glycerins mit Essigsäure:

Acetyl-Glycerin.

$$\left.\begin{matrix}\overset{\prime\prime\prime}{C^6}H^5\\ H^3\end{matrix}\right\}O^6 + \left.\begin{matrix}C^4H^3O^2\\ H\end{matrix}\right\}O^2 = \left.\begin{matrix}\overset{\prime\prime\prime}{C^6}H^5\\ H^2.C^4H^3O^2\end{matrix}\right\}O^6 + H^2O^2.$$

Diacetyl-Glycerin.

$$\left.\begin{matrix}\overset{\prime\prime\prime}{C^6}H^5\\ H^3\end{matrix}\right\}O^6 + 2\left(\left.\begin{matrix}C^4H^3O^2\\ H\end{matrix}\right\}O^2\right) = \left.\begin{matrix}\overset{\prime\prime\prime}{C^6}H^5\\ H.(C^4H^3O^2)^2\end{matrix}\right\}O^6 + 2\,H^2O^2.$$

Triacetyl-Glycerin.

$$\left.\begin{matrix}\overset{\prime\prime\prime}{C^6}H^5\\ H^3\end{matrix}\right\}O^6 + 3\left(\left.\begin{matrix}C^4H^3O^2\\ H\end{matrix}\right\}O^2\right) = \left.\begin{matrix}\overset{\prime\prime\prime}{C^6}H^5\\ (C^4H^3O^2)^3\end{matrix}\right\}O^6 + 3\,H^2O^2.$$

Die Verbindung $\left.\begin{matrix}\overset{\prime\prime\prime}{C^6}H^5\\ Br^3\end{matrix}\right\}$ ist das Bromür des dreiatomigen Radicals Glyceryl.

Um die nähere Kenntniss der Glycerin-Verbindungen hat sich vorzüglich Berthelot verdient gemacht.

Wir kennen ein anderes Radical C^6H^5 Allyl, welches sich einatomig verhält und im Allylalkohol und dessen Derivaten *) angenommen wird.

Es war von grossem Interesse, den Versuch anzustellen, ob sich Allylverbindungen in Glycerylverbindungen verwandeln lassen, und umgekehrt, ob nicht C^6H^5 bald $1\,H$, bald $3\,H$ gleichwerthig sich verhalten könne. Man hat dieses in der That gefunden.

Allylbromür C^6H^5Br verbindet sich mit weiteren Br^2 zu Allyltribromür $C^6H^5Br^3$. Aus diesem kann, wie aus dem Glycerylbromür $C^6\overset{\prime\prime\prime}{H}{}^5Br^3$, Glycerin erhalten werden.

---

*) Das natürliche Senföl $C^8H^5NS^2$ und Knoblauchöl $C^{12}H^{10}S^2$ sind solche Allylverbindungen (Wertheim und Will). Man hat sie künstlich dargestellt:

Allyljodür.   Schwefelcyankalium.   Schwefelcyanallyl, Senföl.

$$\left.\begin{matrix}C^6H^5\\ J\end{matrix}\right\} + \left.\begin{matrix}C^2N\\ K\end{matrix}\right\}S^2 = \left.\begin{matrix}K\\ J\end{matrix}\right\} + \left.\begin{matrix}C^2N\\ C^6H^5\end{matrix}\right\}S^2. \quad (\text{Zinin, Berthelot und de Luca.})$$

Allylsulfür, Knoblauchöl.

$$2\left.\begin{matrix}C^6H^5\\ J\end{matrix}\right\} + \left.\begin{matrix}K\\ K\end{matrix}\right\}S^2 = 2\left.\begin{matrix}K\\ J\end{matrix}\right\} + \left.\begin{matrix}C^6H^5\\ C^6H^5\end{matrix}\right\}S^2. \quad (\text{Cahours und Hofmann.})$$

Allyltribromür wurde mehrere Tage mit essigsaurem Silber und Eisessig erhitzt; es war hierdurch Triacetylglycerin entstanden (Wurtz).

$$\left.\begin{array}{c} C^6\overset{'''}{H}{}^5 \\ Br^3 \end{array}\right\} + 3 \left.\begin{array}{c} C^4H^3O^2 \\ Ag \end{array}\right\} O^2 = 3\,AgBr + \left.\begin{array}{c} C^6\overset{'''}{H}{}^5 \\ (C^4H^3O^2)^3 \end{array}\right\} O^6.$$

Das Triacetylglycerin wurde durch Barytwasser in Essigsäure und Glycerin zerlegt.

Das Umgekehrte kann in folgender Weise bewerkstelligt werden: Destillirt man Glycerin mit Jodphosphor, so geht eine Verbindung $C^6H^6J^2$ über. (Berthelot und de Luca.)

Diese behandelt man zunächst mit oxalsaurem Silber:

$$C^6H^6J^2 + \left.\begin{array}{c} C^4\overset{''}{O}{}^4 \\ Ag^2 \end{array}\right\} \overset{\text{(alte Schreibart)}}{O^4(2\,AgO\,.\,C^2O^3)} = 2\,AgJ + \left.\begin{array}{c} C^4\overset{''}{O}{}^4 \\ H\,.\,C^6H^5 \end{array}\right\} O^4,$$

(Oxalsaures Allyl.)

Oxalsaures Allyl giebt mit Ammoniak:

Oxalyldiamid (Oxamid).   Allylalkohol.

$$\left.\begin{array}{c} C^4\overset{''}{O}{}^4 \\ H\,.\,C^6H^5 \end{array}\right\} O^4 + 2\,NH^3 = N^2 \left\{\begin{array}{c} C^4\overset{''}{O}{}^4 \\ H^2 \\ H^2 \end{array}\right. + \left.\begin{array}{c} C^6H^5 \\ H \end{array}\right\} O^2.$$

(Cahours und Hofmann.)

Auch Propyl- und Propylen-Verbindungen $(C^6H^7\,.\,C^6\overset{''}{H}{}^6,$ die dem Aethyl und Aethylen C^4H^5 und $C^4\overset{''}{H}{}^4$ entsprechenden nächst höheren Alkoholradicale) können Glycerin liefern.

Im Propylbromür C^6H^7Br können für $2\,H - 2\,Br$ substituirend eintreten. Das Dibrompropylbromür $C^6\left\{\begin{array}{l} H^5 \\ Br^2 \\ Br \end{array}\right.$ hat dieselbe Zusammensetzung wie Glycerylbromür oder wie Allyltribromür. Man hat in der That auch aus dieser Bromverbindung Glycerin erhalten (Wurtz).

Wie endlich Glycerin bei der Behandlung mit Jodphosphor $C^6H^6J^2$, d. i. Propylenjodür $C^6\overset{''}{H}{}^6 \atop J^2 \Big\}$ liefert, so kann auch das Propylen durch Brom in Brompropylenbromür $C^6 \begin{cases} \overset{''}{H}{}^5 \\ Br \\ Br^2 \end{cases}$

von derselben Zusammensetzung wie $C^6H^5Br^3$ übergeführt werden, und dieses wird im Stande sein, Glycerin zu bilden.

Wir sind bei diesen Betrachtungen über das Glycerin zu vier isomeren Körpern von der Zusammensetzung $C^6H^5Br^3$ gelangt:

Glycerylbromür.	Allyltribromür.	Dibrompropylbromür.	Brompropylenbromür.

$$C^{\overset{'''}{6}}H^5 \atop Br^3 \Big\}$$

$$\begin{matrix} C^6H^5 \\ Br^3 \end{matrix}\Big\} \\ \left(\begin{matrix} C^6H^5 \\ Br \end{matrix}\Big\} + Br^2\right)$$

$$C^6 \begin{cases} H^5 \\ Br^2 \\ Br \end{cases}$$

$$C^6 \begin{cases} \overset{''}{H}{}^5 \\ Br \\ Br^2 \end{cases}$$

und haben hierbei auch einen Einblick erhalten in mehrere sehr interessante gegenseitige Umsetzungen organischer Körper.

Das Glycerin ist ein dreiatomiger (dreisäuriger) Alkohol.

Eine Reihe zweiatomiger Alkohole, die sogenannten Glycolalkohole, sind seit 1856 durch Wurtz bekannt geworden.

Wie das Aethyl C^4H^5 den gewöhnlichen Alkohol bildet, so das Aethylen, Elayl $C^{\overset{''}{4}}H^4$, den zweiatomigen Aethylenalkohol, Glycol.

Das Prinzip der Darstellung ist folgendes:

Elayljodür.   Essigs. Silber.   Diacetylglycol.

$$C^{\overset{''}{4}}H^4 \atop J^2 \Big\} + 2\, {C^4H^3O^2 \atop Ag}\Big\} O^2 = 2\,AgJ + {C^{\overset{''}{4}}H^4 \atop (C^4H^3O^2)^2}\Big\} O^4.$$

Essigsaures Kalium.   Glycol.

$$C^{\overset{''}{4}}H^4 \atop (C^4H^3O^2)^2 \Big\} O^4 + 2\,{K \atop H}\Big\} O^2 = 2\,{C^4H^3O^2 \atop K}\Big\} O^2 + {C^{\overset{''}{4}}H^4 \atop H^2}\Big\} O^4.$$

Da wir ebenfalls den Propylenalkohol kennen, so ergeben sich für C^6 folgende Alkohole:

Typus ${H \atop H}\Big\} O^2,$ ${H^2 \atop H^2}\Big\} O^4,$ ${H^3 \atop H^3}\Big\} O^6.$

Propylalkohol.   Propylenalkohol.   Glycerin.

$${C^6H^7 \atop H}\Big\} O^2, \qquad {C^6\overset{''}{H}{}^6 \atop H^2}\Big\} O^4, \qquad {C^6\overset{'''}{H}{}^5 \atop H^3}\Big\} O^6.$$

22.

Aus dem bisher Gesagten wird zur Genüge ersichtlich sein, dass sich Reihen von Verbindungen und Radicalen bilden lassen, welche in ihren allgemeinen Eigenschaften die grösste Aehnlichkeit besitzen, bei denen die besonders charakteristischen Reactionen und Umlagerungen sogar ganz in derselben Weise vor sich gehen.

Schiel war der erste, welcher auf dieses Prinzip der Homologen aufmerksam machte. Am besten und ausführlichsten untersucht sind die sogenannten Fettkörper und die aromatischen Säuren; es lassen sich bei diesen Verbindungen auch am leichtesten homologe Reihen bilden.

$$\text{Methylalkohol } \left.\begin{array}{c} C^2H^3 \\ H \end{array}\right\} O^2, \qquad \text{Aethylalkohol } \left.\begin{array}{c} C^4H^5 \\ H \end{array}\right\} O^2,$$

$$\text{Propylalkohol } \left.\begin{array}{c} C^6H^7 \\ H \end{array}\right\} O^2 \dots$$

sind Körper, welche eine Reihe wichtiger Eigenschaften gemeinsam haben, man kann dieselben wie ihre Radicale in einer homologen Reihe zusammenstellen.

Ist aus der Erfahrung bekannt, dass Kaliumäthylat $\left.\begin{array}{c} C^4H^5 \\ K \end{array}\right\} O^2$ mit Aethylbromür C^4H^5Br Aether $\left.\begin{array}{c} C^4H^5 \\ C^4H^5 \end{array}\right\} O^2$ liefert, dass Kaliummethylat $\left.\begin{array}{c} C^2H^3 \\ H \end{array}\right\} O^2$, Kaliumpropylat $\left.\begin{array}{c} C^6H^7 \\ K \end{array}\right\} O^2$ sich eben so verhalten, so ergiebt sich leicht der Schluss, dass die Alkohole $\left.\begin{array}{c} C^{2n}H^{2n+1} \\ H \end{array}\right\} O^2$ mit den Bromüren der Radicale überhaupt die Aether liefern werden.

Wir stellen im Folgenden einige homologe Reihen zusammen:

Radicale.

einatomig: zweiatomig: dreiatomig:

$$C^2H^3 \ \text{oder}\ \bar CH^3, \qquad \overset{''}{C}{}^2H^2 \ \text{oder}\ \bar C\overset{''}{H}{}^2, \qquad \overset{'''}{C}{}^2H \ \text{oder}\ \bar C\overset{'''}{H}.$$

$$C^4H^5 \ -\ \bar CH^5, \qquad \overset{''}{C}{}^4H^4 \ -\ \bar C^2\overset{''}{H}{}^4, \qquad \overset{'''}{C}{}^4H^3 \ -\ \bar C^2\overset{''}{H}.$$

$$C^6H^7 \ -\ \bar CH^7, \qquad \overset{''}{C}{}^6H^6 \ -\ \bar C^3\overset{''}{H}{}^6, \qquad \overset{'''}{C}{}^6H^5 \ -\ \bar C^3\overset{'''}{H}{}^5.$$

$$\vdots \qquad\qquad \vdots \qquad\qquad \vdots$$

Allgemein

$$C^{2n}H^{2n+1} \ -\ \bar C^nH^{2n+1}, \qquad C^{2n}\overset{''}{H}{}^{2n} \ -\ \bar C^n\overset{''}{H}{}^{2n}, \qquad C^{2n}\overset{'''}{H}{}^{2n-1} \ -\ \bar C^n\overset{'''}{H}{}^{2n-1}.$$

Alkohole.

$$\left.\begin{array}{l}C^2H^3\\ H\end{array}\right\}O^2 - \left.\begin{array}{l}\bar CH^3\\ H\end{array}\right\}\bar O, \quad
\left.\begin{array}{l}C^2\overset{''}{H}{}^2\\ H^2\end{array}\right\}O^4 - \left.\begin{array}{l}\bar C\overset{''}{H}{}^2\\ H^2\end{array}\right\}\bar O^2, \quad
\left.\begin{array}{l}C^2\overset{'''}{H}\\ H^3\end{array}\right\}O^6 - \left.\begin{array}{l}\bar C\overset{'''}{H}\\ H^3\end{array}\right\}\bar O^3.$$

$$\left.\begin{array}{l}C^4H^5\\ H\end{array}\right\}O^2 - \left.\begin{array}{l}\bar C^2H^5\\ H\end{array}\right\}\bar O, \quad
\left.\begin{array}{l}C^4\overset{''}{H}{}^4\\ H^2\end{array}\right\}O^4 - \left.\begin{array}{l}\bar C^2\overset{''}{H}{}^4\\ H^2\end{array}\right\}\bar O^2, \quad
\left.\begin{array}{l}C^4\overset{'''}{H}{}^3\\ H^3\end{array}\right\}O^6 - \left.\begin{array}{l}\bar C^2\overset{'''}{H}{}^3\\ H^3\end{array}\right\}\bar O^3.$$

$$\left.\begin{array}{l}C^6H^7\\ H\end{array}\right\}O^2 - \left.\begin{array}{l}\bar C^3H^7\\ H\end{array}\right\}\bar O, \quad
\left.\begin{array}{l}C^6\overset{''}{H}{}^6\\ H^2\end{array}\right\}O^4 - \left.\begin{array}{l}\bar C^3\overset{''}{H}{}^6\\ H^2\end{array}\right\}\bar O^2, \quad
\left.\begin{array}{l}C^6\overset{'''}{H}{}^5\\ H^3\end{array}\right\}O^6 - \left.\begin{array}{l}\bar C^3\overset{'''}{H}{}^5\\ H^3\end{array}\right\}\bar O^3.$$

$$\vdots \qquad\qquad \vdots \qquad\qquad \vdots$$

Allgemein

$$\left.\begin{array}{l}C^{2n}H^{2n+1}\\ H\end{array}\right\}O^2 - \left.\begin{array}{l}\bar C^nH^{2n+1}\\ H\end{array}\right\}\bar O, \quad
\left.\begin{array}{l}C^{2n}\overset{''}{H}{}^{2n}\\ H^2\end{array}\right\}O^4 - \left.\begin{array}{l}\bar C^n\overset{''}{H}{}^{2n}\\ H^2\end{array}\right\}\bar O^2, \quad
\left.\begin{array}{l}C^{2n}\overset{'''}{H}{}^{2n-1}\\ H^3\end{array}\right\}O^6 - \left.\begin{array}{l}\bar C^n\overset{'''}{H}{}^{2n-1}\\ H^3\end{array}\right\}\bar O^3.$$

Aether.

$$\left.\begin{array}{l}C^2H^3\\ C^2H^3\end{array}\right\}O^2 - \left.\begin{array}{l}\bar CH^3\\ \bar CH^3\end{array}\right\}\bar O, \quad
\left.\begin{array}{l}C^2\overset{''}{H}{}^2\\ C^2\overset{''}{H}{}^2\end{array}\right\}O^4 - \left.\begin{array}{l}\bar C\overset{''}{H}{}^2\\ \bar C\overset{''}{H}{}^2\end{array}\right\}\bar O^2, \quad
\left.\begin{array}{l}\overset{'''}{C}{}^2H\\ \overset{'''}{C}{}^2H\end{array}\right\}O^6 - \left.\begin{array}{l}\bar C\overset{'''}{H}\\ \bar C\overset{'''}{H}\end{array}\right\}\bar O^3.$$

$$\left.\begin{array}{l}C^4H^5\\ C^4H^5\end{array}\right\}O^2 - \left.\begin{array}{l}\bar C^2H^5\\ \bar C^2H^5\end{array}\right\}\bar O, \quad
\left.\begin{array}{l}C^4\overset{''}{H}{}^4\\ C^4\overset{''}{H}{}^4\end{array}\right\}O^4 - \left.\begin{array}{l}\bar C^2\overset{''}{H}{}^4\\ \bar C^2\overset{''}{H}{}^4\end{array}\right\}\bar O^2, \quad
\left.\begin{array}{l}\overset{'''}{C}{}^4H^3\\ \overset{'''}{C}{}^4H^3\end{array}\right\}O^6 - \left.\begin{array}{l}\bar C^2\overset{''}{H}{}^3\\ \bar C^2\overset{''}{H}{}^3\end{array}\right\}\bar O^3.$$

$$\left.\begin{array}{l}C^6H^7\\ C^6H^7\end{array}\right\}O^2 - \left.\begin{array}{l}\bar C^3H^7\\ \bar C^3H^7\end{array}\right\}\bar O, \quad
\left.\begin{array}{l}C^6\overset{''}{H}{}^6\\ C^6\overset{''}{H}{}^6\end{array}\right\}O^4 - \left.\begin{array}{l}\bar C^3\overset{''}{H}{}^6\\ \bar C^3\overset{''}{H}{}^6\end{array}\right\}\bar O^2, \quad
\left.\begin{array}{l}C^6\overset{'''}{H}{}^5\\ C^6\overset{'''}{H}{}^5\end{array}\right\}O^6 - \left.\begin{array}{l}\bar C^3\overset{'''}{H}{}^5\\ \bar C^3\overset{'''}{H}{}^5\end{array}\right\}\bar O^3.$$

$$\vdots \qquad\qquad \vdots \qquad\qquad \vdots$$

Allgemein

$$\left.\begin{array}{l}C^{2n}H^{2n+1}\\ C^{2n}H^{2n+1}\end{array}\right\}O^2 - \left.\begin{array}{l}\bar C^nH^{2n+1}\\ \bar C^nH^{2n+1}\end{array}\right\}\bar O, \quad
\left.\begin{array}{l}C^{2n}\overset{''}{H}{}^{2n}\\ C^{2n}\overset{''}{H}{}^{2n}\end{array}\right\}O^4 - \left.\begin{array}{l}\bar C^n\overset{''}{H}{}^{2n}\\ \bar C^n\overset{''}{H}{}^{2n}\end{array}\right\}\bar O^2, \quad
\left.\begin{array}{l}C^{2n}\overset{'''}{H}{}^{2n-1}\\ C^{2n}\overset{'''}{H}{}^{2n-1}\end{array}\right\}O^6 - \left.\begin{array}{l}\bar C^n\overset{'''}{H}{}^{2n-1}\\ \bar C^n\overset{'''}{H}{}^{2n-1}\end{array}\right\}\bar O^3$$

Andere Combination.

$$\left.\begin{array}{l}C^{2n}H^{2n+1}\\ C^{2m}H^{2m+1}\end{array}\right\}O^2 - \left.\begin{array}{l}\bar C^nH^{2n+1}\\ \bar C^mH^{2m+1}\end{array}\right\}\bar O, \quad
\left.\begin{array}{l}C^{2n}\overset{''}{H}{}^{2n}\\ C^{2m}\overset{''}{H}{}^{2m}\end{array}\right\}O^4 - \left.\begin{array}{l}\bar C^n\overset{''}{H}{}^{2n}\\ \bar C^m\overset{''}{H}{}^{2m}\end{array}\right\}\bar O^2, \quad
\left.\begin{array}{l}C^{2n}H^{2n-1}\\ C^{2m}H^{2m-1}\end{array}\right\}O^6 - \left.\begin{array}{l}\bar C^nH^{2n-1}\\ \bar C^mH^{2m-1}\end{array}\right\}\bar O^3$$

Es sei bemerkt, dass nicht alle Glieder dieser Reihen bekannt sind, die Möglichkeit der Darstellung wenigstens bis zu einer gewissen Grenze jedoch gegeben ist.

Ebenso bilden die ein-, zwei-, dreiatomigen Säuren, die intermediären Verbindungen (Aldehyde, Ketone . . . .), die gemischten Aetherarten . . . . homologe Reihen.

Beispiel.

Aldehyd.

$$\left.\begin{array}{l}C^4H^3O^2\\ H\end{array}\right\} \text{ oder } \left.\begin{array}{l}C^2H^3O\\ H\end{array}\right\},$$

Essigsäure.

$$\left.\begin{array}{l}C^4H^3O^2\\ H\end{array}\right\} O^2 \text{ oder } \left.\begin{array}{l}C^2H^3O\\ H\end{array}\right\} O,$$

$\vdots$

Allgemein.

$$\left.\begin{array}{l}C^{2n}H^{2n-1}O^2\\ H\end{array}\right\} \text{ oder } \left.\begin{array}{l}C^nH^{2n-1}O\\ H\end{array}\right\},$$

$$\left.\begin{array}{l}C^{2n}H^{2n-1}O^2\\ H\end{array}\right\} \text{ oder } \left.\begin{array}{l}C^nH^{2n-1}O\\ H\end{array}\right\} O,$$

Essigsaures Methyl.

$$\left.\begin{array}{l}C^4H^3O^2\\ C^2H^3\end{array}\right\} O^2 \text{ oder } \left.\begin{array}{l}C^2H^3O\\ CH^3\end{array}\right\} O.$$

$\vdots$

Allgemein.

$$\left.\begin{array}{l}C^{2n}H^{2n-1}O^2\\ C^{2m}H^{2m+1}\end{array}\right\} O^2 \text{ oder } \left.\begin{array}{l}C^nH^{2n-1}O\\ C^mH^{2m+1}\end{array}\right\} O.$$

Reihe der aromatischen Säuren.

Benzoesäure
$$\left.\begin{array}{l}C^{14}H^5O^2\\ H\end{array}\right\} O^2 \text{ oder } \left.\begin{array}{l}C^7H^5O\\ H\end{array}\right\} O,$$

Toluylsäure
$$\left.\begin{array}{l}C^{16}H^7O^2\\ H\end{array}\right\} O^2 \text{ oder } \left.\begin{array}{l}C^8H^7O\\ H\end{array}\right\} O,$$

Homoanissäure
$$\left.\begin{array}{l}C^{18}H^9O^2\\ H\end{array}\right\} O^2 \text{ oder } \left.\begin{array}{l}C^9H^9O\\ H\end{array}\right\} O,$$

Cuminsäure
$$\left.\begin{array}{l}C^{20}H^{11}O^2\\ H\end{array}\right\} O^2 \text{ oder } \left.\begin{array}{l}C^{10}H^{11}O\\ H\end{array}\right\} O.$$

Homologe Reihe zweiatomiger Säuren.

Kohlensäure
$$\left.\begin{array}{l}C^7O^2\\ H^2\end{array}\right\} O^4 \text{ oder } \left.\begin{array}{l}CO\\ H^2\end{array}\right\} O^2,$$

$$\text{Oxalsäure} \qquad \left.\begin{array}{c} C^4 \overset{..}{O}{}^4 \\ H^2 \end{array}\right\} O^4 \quad \text{oder} \quad \left.\begin{array}{c} C^2 \overset{..}{O}{}^2 \\ H^2 \end{array}\right\} O^2,$$

$$\text{Mesoxalsäure} \qquad \left.\begin{array}{c} C^6 \overset{..}{O}{}^6 \\ H^2 \end{array}\right\} O^4 \quad \text{oder} \quad \left.\begin{array}{c} C^3 \overset{..}{O}{}^3 \\ H^2 \end{array}\right\} O^2.$$

Bemerkung.

Wir schreiben in der Folge den Kohlenstoff, Sauerstoff und Schwefel $C = 12$, $O = 16$, $S = 32$...., welche Atomgewichte und Bezeichnungen auf dem Chemiker-Congress zu Carlsruhe unlängst sanctionirt worden sind.

23.

Eine grosse Zahl homologer Verbindungen zeigen nun einen ganz constanten **Unterschied im Siedepunkt**, so zwar, dass mit der Siedepunktsdifferenz zweier Glieder diejenige einer ganzen Reihe gegeben ist; doch findet sich die allgemeine Regel nicht überall durch den Versuch bestätigt. Der Siedepunkt ist daher eine gewisse Controle für die Formel.

Kopp war der erste, welcher auf die bestimmten Siedepunktsdifferenzen aufmerksam machte.

Es werden hier einige der wichtigsten Erfahrungen aufgezählt:

1. Bei den Alkoholen, den Säuren, den Aethersäuren und anderen findet eine Siedepunktsdifferenz von 19^0 für CH^2 statt. Dieses ist die allgemeinste.

Methylalkohol	Siedep.	Ameisensäure	Siedep.	Ameisens. Methyl	Siedep.
$\left.\begin{array}{c} CH^3 \\ H \end{array}\right\} O$	59^0	CH^2O^2	99^0	$\left.\begin{array}{c} CHO \\ CH^3 \end{array}\right\} O$	36^0
Aethylalkohol		Essigsäure		Essigs. Methyl	
$\left.\begin{array}{c} C^2H^5 \\ H \end{array}\right\} O$	78^0	$C^2H^4O^2$	118^0	$\left.\begin{array}{c} C^2H^3O \\ CH^3 \end{array}\right\} O$	55^0
Propylalkohol		Propionsäure		Propions. Methyl	
$\left.\begin{array}{c} C^3H^7 \\ H \end{array}\right\} O$	97^0	$C^3H^6O^2$	137^0	$\left.\begin{array}{c} C^3H^5O \\ CH^3 \end{array}\right\} O$	74^0

2. Die Differenz ist $>$ oder $< 19^0$.

a) Eine Siedepunkts-Differenz von 22^0 und mehr für CH^2 bei den Aethern, bei manchen Kohlenwasserstoffen, bei vielen Chlor-, Brom-, Jod-, Schwefelverbindungen u. A.

<table>
<tr><td></td><td></td><td>Siedep.</td></tr>
<tr><td>Methyläther</td><td>$\left.\begin{array}{l}CH^3\\CH^3\end{array}\right\}O$</td><td>$-21^0$</td></tr>
<tr><td>Methyl-Aethyläther</td><td>$\left.\begin{array}{l}CH^3\\C^2H^5\end{array}\right\}O$</td><td>$+11^0$</td></tr>
<tr><td>Aethyläther</td><td>$\left.\begin{array}{l}C^2H^5\\C^2H^5\end{array}\right\}O$</td><td>$34^0$.</td></tr>
</table>

b) Häufig ist auch die Siedepunkts-Differenz $< 19^0$, so bei den Anhydriden der fetten Säuren, bei Aethern zweiatomiger Säuren, manchen Bromüren u. A.

<table>
<tr><td></td><td></td><td>Siedep.</td><td></td></tr>
<tr><td>Aethylenbromür</td><td>$\left.\begin{array}{l}C^4\overset{..}{H}{}^4\\Br^2\end{array}\right\}$</td><td>$130^0$</td><td rowspan="3">Differenz 15^0.</td></tr>
<tr><td>Propylenbromür</td><td>$\left.\begin{array}{l}C^6\overset{..}{H}{}^6\\Br^2\end{array}\right\}$</td><td>$145^0$</td></tr>
<tr><td>Butylenbromür</td><td>$\left.\begin{array}{l}C^8\overset{..}{H}{}^8\\Br^2\end{array}\right\}$</td><td>$160^0$</td></tr>
</table>

3. Es möge noch bemerkt sein, dass der Siedepunkt einer fetten Säure um 40^0 höher zu liegen pflegt, als der Siedepunkt der betreffenden Alkoholart:

<table>
<tr><td>Siedep.</td><td></td><td>Siedep.</td></tr>
<tr><td>Methylalkohol</td><td>59^0</td><td>Aethylalkohol</td><td>78^0</td></tr>
<tr><td>Ameisensäure</td><td>99^0</td><td>Essigsäure</td><td>118^0</td></tr>
</table>

und dass die Methyl-, Aethyl- und Amylverbindungen einer Säure um 63^0, 44^0 und 13^0 von dieser im Siedepunkt zu differiren pflegen.

<table>
<tr><td></td><td></td><td>Siedep.</td><td></td></tr>
<tr><td>Essigsaures Methyl</td><td>$\left.\begin{array}{l}C^2H^3O\\CH^3\end{array}\right\}O$</td><td>$55^0$</td><td></td></tr>
<tr><td>Essigsaures Aethyl</td><td>$\left.\begin{array}{l}C^2H^3O\\C^2H^5\end{array}\right\}O$</td><td>$74^0$</td><td>Essigsäure.   Siedep.
$C^2H^4O^2$ 118^0</td></tr>
<tr><td>Essigsaures Amyl</td><td>$\left.\begin{array}{l}C^2H^3O\\C^5H^{11}\end{array}\right\}O$</td><td>$131^0$</td><td></td></tr>
</table>

Auch zwischen den **Schmelzpunkten** homologer Substanzen scheinen Beziehungen stattzufinden, indem im Allgemeinen mit den zunehmenden Kohlenstoffeinheiten auch der Schmelzpunkt ein höherer wird. Bestimmte Regeln liegen indessen noch nicht vor.

		Schmelzp.
Caprylsäure	$C^8H^{16}O^2$	14^0
Laurinsäure	$C^{12}H^{24}O^2$	$43^0,6$
Palmitinsäure	$C^{16}H^{32}O^2$	62^0.

24.

Bei unseren seitherigen Beispielen sind öfters Fälle vorgekommen, dass Substanzen von ganz verschiedener Formel doch dieselbe procentische Zusammensetzung besassen.

Aethylalkohol.   Methyläther.

C^2H^6O : $\left.\begin{array}{l}C^2H^5\\H\end{array}\right\}O$ $\left.\begin{array}{l}CH^3\\CH^3\end{array}\right\}O$

Aethylen.   Propylen.

xCH^2: $C^4\overset{''}{H}{}^4$ $C^6\overset{''}{H}{}^6$

Man nennt solche Körper allgemein **isomere**.

Für die Formulirung isomerer Verbindungen kommt die typische Schreibweise wieder sehr zu statten, indem bei der grossen Anzahl bekannter Isomerien formelle Verschiedenheiten vielfach anschaulicher werden.

Bei isomeren Verbindungen unterscheidet man folgende Fälle:

I. a) die Körper haben bei gleicher procentischer Zusammensetzung und verschiedenen Eigenschaften gleiche Formeln — **Isomerie im engeren Sinne.**

Aethylenchlorür.   Aethylidenchlorür.*)

$\left.\begin{array}{l}C^4\overset{''}{H}{}^4\\Cl^2\end{array}\right\}$ $\left.\begin{array}{l}C^4\overset{''}{H}{}^4\\Cl^2\end{array}\right\}$

---

*) Letzteres entsteht durch Einwirkung von Phosphorchlorid auf Aldehyd:
$$C^2H^4O + PCl^5 = C^2H^4Cl^2 + POCl^3.$$

Unter anderem sind die Siedepunkte beider Verbindungen sehr verschieden.

Aethylenchlorür.   Aethylidenchlorür.

Siedep. $82^0,5$ $58^0,7$.

b) Bei gleicher procentischer Zusammensetzung und verschiedenen Eigenschaften sind die Formeln ungleich — **Metamerie.**

Essigsaures Methyl.　　　　Ameisensaures Aethyl.

$\left.\begin{array}{l} C^2H^3O \\ CH^3 \end{array}\right\} O$　　　　$\left.\begin{array}{l} CHO \\ C^2H^5 \end{array}\right\} O$

Isomere und metamere Körper unterscheiden sich im Wesentlichen nicht von einander, wir sind nur bei den eigentlich isomeren bis jetzt nicht im Stande, die molekulare Verschiedenheit gehörig auszudrücken.

Im Aethylenchlorür und Aethylidenchlorür sind die Moleküle sicherlich ebenso verschieden gelagert, wie im essigsauren Methyl und ameisauren Aethyl.

Wir fassen daher die Begriffe Isomerie und Metamerie zusammen und sagen, es giebt isomere (passender metamere) und

II. Polymere Körper.

Bei gleicher procentischer Zusammensetzung und verschiedenen Eigenschaften sind die Formeln verschieden, so zwar, dass nicht das Molekulargewicht gleich ist wie bei den isomeren, sondern sich dasjenige der einen um ein bestimmtes von dem der anderen Verbindung unterscheidet.

So die Kohlenwasserstoffe C^nH^{2n}.

Aethylen.　　Propylen.　　Amylen.

C^4H^4　　　C^6H^6...　　$C^{10}H^{10}$...　　Allgemein C^nH^{2n}.

Zwei Glieder dieser Reihe unterscheiden sich von einander um xCH^2.

Ein interesantes Beispiel von Isomerie möge hier noch seinen Platz finden.

Gmelin stellte 1826 das Taurin $C^2H^7NSO^3$ aus der Ochsengalle dar. Später entdeckte man eine eigenthümliche gepaarte Sulfosäure, die Isäthionsäure $\left.\begin{array}{l} C^2H^5SO^3 \\ H \end{array}\right\} O$ (Magnus).

Das Ammoniumsalz derselben verliert in der Wärme Wasser und giebt Taurin (Strecker).

$$\left.\begin{array}{l} C^2H^5SO^3 \\ NH^4 \end{array}\right\} O = N\left\{\begin{array}{l} C^2H^5SO^3 \\ H \\ H \end{array}\right. + H^2O.$$

Aldehydammoniak verbindet sich mit schwefliger Säure zu schwefligsaurem Aldehydammonium (Redtenbacher),

$$\left.\begin{array}{l} C^2H^3O \\ NH^4 \end{array}\right\} SO^2$$

kann aber unter Umständen in einer zweiten Form mit anderen Eigenschaften erhalten werden (Petersen).

So sind Taurin aus Ochsengalle, Isäthionsäureamid, schwefligsaures Aldehyd-Ammonium α und β unter sich isomer.

25.

Ueber die Constitution zusammengesetzter Verbindungen und Radicale können auch die Zersetzungserscheinungen durch Elektrolyse einen gewissen Aufschluss geben.

Wir wissen, dass einfache Verbindungen in die Elemente, in Säure und Base.... zerlegt werden, welches elektrochemische Prinzip der älteren Radicaltheorie hauptsächlich zu Grunde liegt. Die elektropolaren Gegensätze in der Natur sind gewiss sehr hoch zu würdigen, elektrische Strömungen durchdringen alle Materien, für die Constitution der kleinsten Wirkungsgrössen haben jedoch Elektricität und Magnetismus bis jetzt noch wenig Factoren abgegeben.

Kolbe liess zuerst 1849 den elektrischen Strom auf essigsaures Kalium und valeriansaures Kalium einwirken.

Die Zersetzung erfolgte in folgender Weise:

$$2 \left.\begin{array}{l} C^2H^3O \\ K \end{array}\right\} O + H^2O = \left.\begin{array}{l} CH^3 \\ CH^3 \end{array}\right\} + \overset{..}{C}O\} O + \left.\begin{array}{l} \overset{..}{C}O \\ K^2 \end{array}\right\} O^2$$

Methyl + Kohlensäure + Kohlens. Kalium.

Am + Pol
+ H² am − Pol.

$$\left.\begin{array}{l} C^2H^3O \\ K \end{array}\right\} O + \left.\begin{array}{l} C^5H^9O \\ K \end{array}\right\} O + H^2O = \left.\begin{array}{l} CH^3 \\ C^4H^9 \end{array}\right\} + \overset{..}{C}O\} O + \left.\begin{array}{l} \overset{..}{C}O \\ K^2 \end{array}\right\} O^2$$

Methyl-Butyl.

Am + Pol
+ H² am − Pol.

Kolbe berücksichtigte diese Verhältnisse bei seinen Formulirungen organischer Verbindungen, indem er Paarungen von CO mit den Radicalen CH^3, C^2H^5.... annahm, und Wurtz schrieb in der Folge die fetten Säuren, indem er an die Stelle des Wasserstoffs des niedrigsten Radicals CHO die Glieder CH^3, C^2H^5.... einsetzte, in folgender Weise:

$$\text{Ameisensäure} \quad \left.\begin{array}{l} CHO \\ H \end{array}\right\} O$$

$$\text{Essigsäure} \quad \left.\begin{array}{l} C^2H^3O \\ H \end{array}\right\} = \left.\begin{array}{l} C(CH^3)O \\ H \end{array}\right\} O$$

$$\cdots \cdots \cdots \cdots \cdots \cdots$$

$$\text{Valeriansäure} \quad \left.\begin{array}{l} C^5H^9O \\ H \end{array}\right\} = \left.\begin{array}{l} C(C^4H^9)O \\ H \end{array}\right\} O.$$

Für diese Ansicht lassen sich auch weitere Beweise geltend machen. Die Bildung von Essigsäure aus Cyanmethyl durch Einwirkung wässeriger Alkalien ist bekannt:

$$\left.\begin{array}{l} CH^3 \\ CN \end{array}\right\} + \begin{array}{l} H^2O \\ H^2O \end{array} = \left.\begin{array}{l} C(CH^3)O \\ NH^4 \end{array}\right\} O \quad \text{oder} \quad \overset{\text{Essigsaures Ammonium.}}{\left.\begin{array}{l} CO.CH^3 \\ NH^4 \end{array}\right\} O} = \left.\begin{array}{l} C^2H^3O \\ NH^4 \end{array}\right\} O.$$

Ebenso diejenige der Propionsäure aus Cyanäthyl:

$$\left.\begin{array}{l} C^2H^5 \\ C^2N \end{array}\right\} + \begin{array}{l} H^2O \\ H^2O \end{array} = \left.\begin{array}{l} C(C^2H^5)O \\ NH^4 \end{array}\right\} O \quad \text{oder} \quad \overset{\text{Propions. Ammonium.}}{\left.\begin{array}{l} CO.C^2H^5 \\ NH^4 \end{array}\right\} O} = \left.\begin{array}{l} C^3H^5O \\ NH^4 \end{array}\right\} O.$$

Oxalsäure entsteht aus Cyan unter Aufnahme von Wasser:

$$\left.\begin{array}{l} CN \\ CN \end{array}\right\} + \begin{array}{l} 2\,H^2O \\ 2\,H^2O \end{array} = \left.\begin{array}{l} C^2O^2 \\ (NH^4)^2 \end{array}\right\} O^2 \quad \text{(Oxalsaures Diammonium)},$$

nach den neuesten Erfahrungen liefert Aethylencyanür durch Wasseraufnahme Bernsteinsäure (Simpson):

$$\overset{\text{Bernsteinsaures Diammonium.}}{\left.\begin{array}{l} C^2H^4 \\ (CN)^2 \end{array}\right\} + \begin{array}{l} 2\,H^2O \\ 2\,H^2O \end{array} = \left.\begin{array}{l} C^2O^2.C^2H^4 \\ (NH^4)^2 \end{array}\right\} O^2 = \left.\begin{array}{l} C^4H^4O^4 \\ (NH^4)^2 \end{array}\right\} O^2.}$$

Wanklyn hat aus den Alkoholradicalen und Kohlensäure direct fette Säuren erhalten:

$$\overset{\text{Methylnatrium.}}{\left.\begin{array}{l} CH^3 \\ Na \end{array}\right\}} + CO_2 O = \left.\begin{array}{l} C(CH^3)O \\ Na \end{array}\right\} O \quad \text{oder} \quad \overset{\text{Essigsaures Natrium.}}{\left.\begin{array}{l} CO.CH^3 \\ Na \end{array}\right\} O} = \left.\begin{array}{l} C^2H^3O \\ Na \end{array}\right\} O.$$

Aethylnatrium.   Propionsaures Natrium.

$$\left.\begin{array}{l}C_2H_5\\Na\end{array}\right\} + \overset{..}{C}O\} O = \left.\begin{array}{l}C(C_2H_5)O\\Na\end{array}\right\} O \text{ oder } \left.\begin{array}{l}CO.C_2H_5\\Na\end{array}\right\} O = \left.\begin{array}{l}C_3H_5O\\Na\end{array}\right\} O.$$

So gelangen wir Schritt für Schritt weiter in der Erkenntniss der Constitution der Körper, und wenn die Schwierigkeiten, welche sich der weiteren Forschung entgegenstellen, auch nicht gemindert werden, wir arbeiten rastlos dem fernen Ziel immer näher entgegen.

26.

Bei unseren seitherigen Betrachtungen haben wir die Moleküle der Körper im Bilde der drei einfachen Typen oder deren Multipla vorgeführt. Bei gewissen Voraussetzungen reicht man damit auch vollkommen aus.

So leiten wir das Ammoniumchlorür und das Aethylammoniumchlorür vom Typus $\left.\begin{array}{l}H\\H\end{array}\right\}$ oder $\left.\begin{array}{l}H\\Cl\end{array}\right\}$ ab,

Ammoniumchlorür.   Aethylammoniumchlorür.

$$\left.\begin{array}{l}NH_4\\Cl\end{array}\right\} \qquad\qquad N\left\{\begin{array}{l}C_2H_5\\H_3\\Cl\end{array}\right.$$

ferner das Ammoniumhydrat und die sogenannten Aminsäuren vom Typus $\left.\begin{array}{l}H\\H\end{array}\right\} O$:

Ammoniumhydrat.   Tartrylaminsäure.

$$\left.\begin{array}{l}NH_4\\H\end{array}\right\} O \qquad\qquad N\left\{\begin{array}{l}C_4\overset{..}{H}_4O_2\\H_2\\H\end{array}\right\} O.$$

Wir können uns aber

$$\left.\begin{array}{l}NH_4\\Cl\end{array}\right\} \text{ und } \left.\begin{array}{l}NH_4\\H\end{array}\right\} O$$

auch als gemischte Typen vorstellen,

$$\left.\begin{array}{l}NH_4\\Cl\end{array}\right\} = N\left\{\begin{array}{l}H\\H\\H\end{array}\right. + \left.\begin{array}{l}H\\Cl\end{array}\right\}$$

$$\left.\begin{matrix} NH^4 \\ H \end{matrix}\right\}O = N\left\{\begin{matrix} H \\ H \\ H \end{matrix}\right. + \left.\begin{matrix} H \\ H \end{matrix}\right\}O$$

und ferner die innige Vereinigung dieser Typen entsprechend bezeichnen, etwa:

$$N\left\{\begin{matrix} H \\ H \\ H \\ H \\ Cl \end{matrix}\right. \quad \text{und} \quad N\left\{\begin{matrix} H \\ H \\ H \\ H \\ H \end{matrix}\right._O$$

Daher

Aethylammoniumchlorür.   Tartrylaminsäure.

$$N\left\{\begin{matrix} C^2H^5 \\ H \\ H \\ H \\ Cl \end{matrix}\right. \qquad N\left\{\begin{matrix} C^4\ddot{H}^4O^2 \\ H \\ \\ H \\ H \end{matrix}\right._O$$

schreiben u. s. f.

Viele zusammengesetzte, gepaarte und andere Verbindungen lassen sich in der That in dieser Weise zweckmässig formuliren und so sind die von Kekulé eingeführten gemischten Typen ein willkommenes Hülfsmittel bei typischen Ableitungen geworden.

Einige weitere Beispiele werden dieses noch anschaulicher machen.

Es wurde oben bemerkt, dass aus Methylnatrium und Kohlensäure essigsaures Natrium entstehe und darnach die Form des essigsauren Natriums

$$\left.\begin{matrix} C^2H^3O \\ Na \end{matrix}\right\}O \quad \text{in die präcisere:} \quad \left.\begin{matrix} C(CH^3)O \\ Na \end{matrix}\right\}O$$

verwandelt.

Die Aneinanderlagerung der beiden Componenten und die Constitution der neuen Verbindung wird nach dem Prinzip der gemischten Typen weit anschaulicher:

$$
\left.\begin{array}{c}C H^3 \\ Na\end{array}\right\} + \left.\begin{array}{c}\ddot{C}O \\ \end{array}\right| O = \left.\begin{array}{c}C H^3 \\ \ddot{C}O \\ Na\end{array}\right\} O \;\Big|
$$

$$
\text{Typus} \quad \left.\begin{array}{c}H \\ H\end{array}\right\} + \left.\begin{array}{c}H \\ H\end{array}\right\} O \quad \text{Gemischter} \left.\begin{array}{c}H \\ H \\ \text{Typus} \quad H \\ H\end{array}\right\} \; \Big|
$$

Ke kul é verklammert die einzelnen Glieder des gemischten Typs unter sich:

$$
\left.\begin{array}{c}H \\ H \\ H \\ H\end{array}\right\} O \qquad \left.\begin{array}{c}H \\ H \\ H \\ H \\ H \\ H\end{array}\right\} O \qquad \left.\begin{array}{c}H \\ H \\ H \\ H \\ H\end{array}\right\} N \;\; \cdots
$$

Die Aethylschwefelsäure drückten wir früher durch die
Formeln:

$$
\text{Typus} \quad \left.\begin{array}{c}H \\ H\end{array}\right\} O \qquad\qquad \left.\begin{array}{c}C^2H^5SO^3 \\ H\end{array}\right\} O
$$

$$
\text{oder Typus} \quad \left.\begin{array}{c}H^2 \\ H^2\end{array}\right\} O^2 \qquad\qquad \left.\begin{array}{c}S\ddot{O}^2 \\ H . C^2H^5\end{array}\right\} O^2
$$

aus; erstere bezeichnet den festeren Complex $C^2H^5SO^3$
der äthylschwefelsauren Verbindungen und trägt der Einatomigkeit der gepaarten Säure Rechnung, letztere lässt zwar das
Radical der Schwefelsäure SO^2 bestehen, aber die gepaarte
Aethylschwefelsäure als Salz erscheinen (schwefelsaures Aethyl),
was sie nicht ist.

Durch die Ableitung vom gemischten Typ werden diese
Mängel beseitigt:

$$
\left.\begin{array}{c}S\ddot{O}^2 \\ H^2\end{array}\right\} O^2 + \left.\begin{array}{c}C^2H^5 \\ H\end{array}\right\} O = \left.\begin{array}{c}C^2H^5 \\ S\ddot{O}^2 \\ H\end{array}\right\} \begin{array}{c}O \\ \\ O\end{array} \Big|
$$

$$\text{gemischter Typ} \quad \left.\begin{array}{l} \mathrm{H} \\ \mathrm{H} \\ \mathrm{H} \\ \mathrm{H} \end{array}\right\} \begin{array}{l} \Theta \\[1em] \Theta \end{array} \Bigg\} ,$$

wohl zu unterscheiden vom Typ $\left.\begin{array}{l}\mathrm{H^2}\\\mathrm{H^2}\end{array}\right\}\Theta^2$.

Die Isäthionsäure hat dieselbe Zusammensetzung wie die Aethylschwefelsäure, und zwar ist der Atomencomplex $\mathrm{C^2H^5SO^3}$ ein noch engerer und verhält sich in der That wie ein Radical, daher wir das Isäthionsäureamid, Taurin früher

$$N \left\{\begin{array}{l} \mathrm{C^2H^5SO^3} \\ \mathrm{H} \\ \mathrm{H} \end{array}\right.$$

geschrieben haben. Da Isäthionsäure durch Einwirkung von wasserfreier Schwefelsäure auf Alkohol entsteht, so können wir uns in Ermangelung einer geeigneteren Formel immerhin vorstellen, dass $\mathrm{SO^3}$ direct mit dem Aethyl $\mathrm{C^2H^5}$ eine innige Paarung eingegangen und die Isäthionsäure im Gegensatz zur

Aethylschwefelsäure $\left.\begin{array}{l}\mathrm{C^2H^5SO^3}\\ \mathrm{H}\end{array}\right\}\Theta$ schreiben.

Die **Sulfoessigsäure** wird als zweiatomig von $\left.\begin{array}{l}\mathrm{H^2}\\\mathrm{H^2}\end{array}\right\}\Theta^2$ abgeleitet:

$$\left.\begin{array}{l}\mathrm{C^2H^3O}\\\mathrm{H}\end{array}\right\}\Theta + \left.\begin{array}{l}\mathrm{S\ddot{O}^2}\\\mathrm{H^2}\end{array}\right\}\Theta^2 = \left.\begin{array}{l}\mathrm{C^2H^2\ddot{O}.SO^2}\\\mathrm{H^2}\end{array}\right\}\Theta^2 + \mathrm{H^2O},$$

oder aber vom gemischten Typ

$$\left.\begin{array}{l}\mathrm{H}\\\mathrm{H}\\\mathrm{H}\\\mathrm{H}\\\mathrm{H}\\\mathrm{H}\\\mathrm{H}\\\mathrm{H}\end{array}\right. \begin{array}{l}\\ \Theta \\ \\ \Theta\end{array} \qquad\qquad \left.\begin{array}{l}\mathrm{H}\\\mathrm{S\ddot{O}^2}\\\mathrm{C\ddot{H}^2}\\\mathrm{C\ddot{O}}\\\mathrm{H}\end{array}\right. \begin{array}{l}\\ \Theta \\ \\ \Theta\end{array}$$

worin $\mathrm{C\ddot{H}^2}$ als aus dem Methyl der Essigsäure $\left.\begin{array}{l}\mathrm{C(CH^3)\Theta}\\\mathrm{H}\end{array}\right\}\Theta$

entstanden gedacht wird. Durch Einwirkung von Schwefelsäure $\ddot{S}O^2 . O$ tritt für $\overset{..}{C}O$ ferner $\ddot{S}O^2$ ein, was durch die Formel anschaulich wird:

Sulfoessigsäure.   Schwefelsäure. Disulfometholsäure. Kohlensäure.

$$
\left.\begin{array}{l} H \\ \ddot{S}O^2 \\ \overset{..}{C}H^2 \\ \overset{..}{C}O \\ H \end{array}\right\} \substack{O\\O} \;+\; \ddot{S}O^2 \big| O \;=\; \left.\begin{array}{l} H \\ \ddot{S}O^2 \\ \overset{..}{C}H^2 \\ \ddot{S}O^2 \\ H \end{array}\right\} \substack{O\\O} \;+\; \overset{..}{C}O \big| O .
$$

Milchsäure ist $C^3H^6O^3$. Sie zerfällt in der Wärme (abgesehen von der Bildung des sogenannten Lactids) in Kohlenoxyd CO, Aldehyd C^2H^4O und Wasser H^2O, oder auch in Aldehyd und Ameisensäure CH^2O^2.

Daher die rationelle Formel:

$$
\left.\begin{array}{l} H \\ C^2\ddot{H}^4 \\ \overset{..}{C}O \\ H \end{array}\right\} \substack{O\\O} \qquad \text{Gemischter Typus} \qquad \left.\begin{array}{l} H \\ H \\ H \\ H \\ H \\ H \end{array}\right\} \substack{O\\O}
$$

In dieser Formel sind H^2 substituirbar und darnach ist die Milchsäure zweiatomig.

Die Verbindungen der Milchsäure sprechen nun theils für die Zweiatomigkeit, theils aber auch für die Einatomigkeit derselben.

Da Propionsäure Milchsäure liefern kann und umgekehrt[*]) (Kolbe), wir die Propionsäure ähnlich der Essigsäure aber

---

[*]) Chlorpropionsaures Natrium.

$$
\left.\begin{array}{l} C^2 \left\{\substack{H^4\\Cl}\right. \\ \overset{..}{C}O \\ Na \end{array}\right\} O \;+\; H^2O \;=\; C^3H^6O^3 + NaCl,
$$

Propionsäure.

$$
C^3H^6O^3 \;+\; 2\,HJ \;=\; \left.\begin{array}{l} C^2H^5 \\ \overset{..}{C}O \\ H \end{array}\right\} O \;+\; H^2O \;+\; 2\,J .
$$

(Lautemann.)

$$\left.\begin{array}{l} C^2H^5 \\[2pt] \overset{..}{C}O \\[2pt] H \end{array}\right\} O$$

schreiben können, so kann man auch leicht das C^2H^5 in der Formel der Milchsäure belassen und sie ebensowohl als einatomig ableiten; sie ist dann als Oxypropionsäure anzusehen:

$$\left.\begin{array}{l} C^2H^5\,\}\,O \\[2pt] \overset{..}{C}O\,\} \\[2pt] H\,\}\,O \end{array}\right\} \quad \text{Gemischter Typus} \quad \left.\begin{array}{l} H\,\}\,O \\[2pt] H\,\} \\[2pt] H\,\}\,O \end{array}\right. \cdot$$

Bernsteinsäure kann geschrieben werden (vgl. pag. 59):

$$\left.\begin{array}{l} H \\[2pt] C^2\overset{.}{H}^4 \\[2pt] C^2\overset{..}{O}^2\,\}\,O \\[2pt] H\,\}\,O \end{array}\right\} \quad \text{Gemischter Typus} \quad \left.\begin{array}{l} H \\ H \\ H\,\}\,O \\ H \\ H\,\}\,O \\ H \end{array}\right\}$$

Wir sehen uns endlich veranlasst, an diesem Orte als schwieriger in die Typen einzupassende Verbindungen zu formuliren:

Das Hydrat der gewöhnlichen Phosphorsäure ist

$$\left.\begin{array}{l} \overset{...}{P}O \\ H^3 \end{array}\right\} O^3 \qquad \overset{\text{Typ.}}{\left.\begin{array}{l} H^3 \\ H^3 \end{array}\right\} O^3} \cdot$$

Das Hydrat der zweibasischen Phosphorsäure ist, da wir $PO^5.\,2HO$ nicht adoptiren können wegen der unpaaren Sauerstoffzahl,

$$\left.\begin{array}{l} H^2\,\}\,O \\[2pt] \overset{...}{P}O\,\}\,O \\[2pt] H\,\}\,O \\[2pt] \overset{...}{P}O\,\}\,O \\[2pt] H\,\}\,O \end{array}\right\} \quad \text{Gemischter Typ} \quad \left.\begin{array}{l} H\,\}\,O \\ H \\ H\,\}\,O \\ H \\ H\,\}\,O \\ H \\ H\,\}\,O \\ H \\ H\,\}\,O \\ H \end{array}\right\}$$

Das Hydrat der einbasischen Phosphorsäure

$$\left.\begin{array}{l}\overset{\prime\prime\prime}{P}\overset{\cdot\cdot}{O}\}\,O \\[4pt] H\ \}\,O\end{array}\right\rangle \quad \text{Gemischter Typ} \quad \left.\begin{array}{l}H\} \\ H\}\,O \\ H\} \\ H\}\,O\end{array}\right\rangle$$

Das sogenannte wasserfreie saure schwefelsaure Kali (KO. $2\,SO^3$) schreiben wir:

$$\left.\begin{array}{l}K\ \}\,O \\ S\overset{\cdot\cdot}{O}{}^2\} \\ S\overset{\cdot\cdot}{O}{}^2\}\,O \\ K\ \}\,O\end{array}\right\rangle \quad \text{Gemischter Typ} \quad \left.\begin{array}{l}H\}\,O \\ H\} \\ H\}\,O \\ H\} \\ H\}\,O \\ H\}\end{array}\right\rangle$$

So lassen die gemischten Typen, deren wir eine Reihe kennen gelernt haben, der Phantasie ziemlichen Spielraum. Doch wollen wir nicht zu unnützen Spekulationen durch dieselben verleitet werden, und wenn das Auge sich an dieselben gewöhnt hat, nur bewährte Thatsachen uns in dieser Form versinnlichen.

27.

Wir haben die neue Theorie in ihren Umrissen darzustellen versucht. Es bleibt noch übrig, auf ein überaus wichtiges Fundament, auf die Volumenverhältnisse, näher einzugehen.

Die Ansichten über die Grösse der Moleküle sind vorzugsweise hervorgegangen aus dem allgemeinen Gesetz der specifischen Volumina der Gase, ein Gesetz, welches in der That der erste Satz der theoretischen Chemie geworden ist.

Dieses Gesetz, von Ampère (kurz vorher schon von Avogadro ausgesprochen) aufgestellt, lautet:

Gleiche Volumina gasförmiger Körper enthalten eine gleiche Anzahl von Molekülen.

Da bei den specifischen Gewichten der Gase nicht dieselbe Einheit zu Grunde gelegt ist, wie bei den Atom- und Molekulargewichten, dort nämlich die atmosphärische Luft, hier das Molekül Wasserstoff $\left.\begin{array}{l}H\}\\H\}\end{array}\right.$, $H^2 = 2$, so muss, wenn man

nicht eine allgemeine Umänderung der specifischen Gewichts-
zahlen auf die Einheit des Wasserstoffs vornehmen will, diese
Beziehung einfach ausgedrückt werden.

Die atmosphärische Luft ist 14.47 mal schwerer als Wasserstoff.*) Da das Molekül Wasserstoff $= 2$ ist, so erhält man
das specifische Gewicht eines Körpers in Dampfform, wenn man
sein Molekulargewicht durch $14.47 \times 2 = 28.94$ dividirt.

Wir haben bei unseren früheren Betrachtungen das Atomgewicht des Wasserstoffs $= 1$, wie in früherer Zeit immer geschehen, gesetzt und hatten die allgemeine Regel damit so auf-
gefasst, dass das Molekül eines Körpers in Dampfform den
Raum von 4 Volumeneinheiten einnimmt. Setzen wir die
kleinste molekulare Einheit von Wasserstoff $HH = 2$, so wird
jetzt die allgemeine Regel heissen: **Jeder Körper nimmt
in Dampfform den Raum von zwei Volumeinheiten
ein.**

Multiplicirt man daher das specifische Gewicht eines Körpers in Dampfform mit 28.94, so ist das Produkt einmal das
specifische Gewicht des Körpers bezogen auf Wa.erstoff $= 2$,
ferner aber das Molekulargewicht des Körpers selbst.

Beispiel. Die Dampfdichte des Aethers wurde zu 2.565
gefunden.

$$2.565 \times 28.94 = 74.2311$$
$$C^4 = 4 \times 12 = 48$$
$$H^{10} = \ldots \ldots 10$$
$$O = \ldots \ldots 16$$
$$C^4 H^{10} O = \ldots \ldots 74$$

Also ist 74 das relative Molekulargewicht des Aethers.

Um das relative Molekulargewicht eines Körpers in kür-
zester Zeit zu finden, brauchen wir nur einen bestimmten Coef-
ficienten mit dem specifischen Gewichte des Dampfes zu mul-
tipliciren.**)

---

*) Genaueste Bestimmuung von Regnault:

   Sauerstoff, spec. Gew. $= 1.10563$

   Wasserstoff, „   „ $= 0.06926$

   Wenn Luft $= 1$.

**) Vergl. Mittheilungen von Tschermak, 1860.

Das specifische Gewicht des Sauerstoffs wird als am genauesten bestimmt angesehen.

1 Litre (1000 Cub.-Centim.) Sauerstoff wiegt 1.43028 Gramm, bei 0^0 und 0.76 M. Druck.

1 Litre Wasserstoff wiegt 0.08961 Gramm.

Nennen wir den Coëfficienten h, so ist offenbar

$$0.08961\ h = 2, \qquad\qquad (1)$$
$$\text{Aber:}\ \ 1.43028\ h = 32, \qquad\qquad (2)$$

also das Molekül Sauerstoff $O^2 = 32$.

Aus 1 ergiebt sich

$$h = \frac{2}{0.08961} = 22.32.$$

Aus 2 ergiebt sich

$$h = 22.373$$

in runder Zahl $h = 22.35$, und das Molekulargewicht

$$M = h\,s,$$

wenn s das specifische Gewicht, auf 0^0 und 0.76^m Druck reducirt, bezeichnet.

1 Litre ölbildendes Gas C^2H^4 wiegt 1.25194 Gramm.

$$1.25194 \times 22.35 = 28.$$

Molekulargewicht von C^2H^4,

$$C^2 = 2.12 = 24$$
$$H^4 = \quad \ldots \quad 4$$
$$\overline{ 28}$$

Gehen wir auf die Verhältnisszahlen der specifischen Gewichte, Luft $= 1$ gesetzt, zurück und nehmen die specifischen Gewichte von Sauerstoff und Wasserstoff zu 1.10563 und 0.06926 an, so verwandeln sich die Ausdrücke:

$$0.08961\ h = 2 \ \text{und}$$
$$1.43028\ h = 32 \ \text{in:}$$
$$0.06926\ h' = 2 \quad (3) \ \text{und}$$
$$1.10563\ h' = 32 \quad (4)$$

Aus 3 folgt $h' = 28.87.$

Aus 4 folgt $h' = 28.94.$

Da nun $M = h'\,D,$

wenn D die Dampfdichte bezeichnet, und

$$D = \frac{M}{h'} = \frac{M}{28.94},$$

so ist allgemein durch Multiplikation der durch den Versuch gefundenen Dampfdichte mit 28.94 das theoretische Molekulargewicht und durch Division des Molekulargewichtes mit 28.94 die theoretische Dampfdichte bestimmt.

Also bei dem Aether:

$$M = 28.94 \times 2.565 = 74$$
$$D = \frac{74}{28.94} = 2.559.$$

Wir geben die folgende graphische Darstellung zur bildlichen Veranschaulichung:

Wasserstoff.	Sauerstoff.	Wasser.	Aether.
H^2	$\overline{O}^2$	$H^2\overline{O}$	$\left.\begin{array}{l}\overline{C}^2H^5\\\overline{C}^2H^5\end{array}\right\}\overline{O}$
2	32	18	74

2 Vol.

Mag eine Verbindung sich von einem einfachen, doppelten, dreifachen... Typus ableiten, immer bleibt die Condensation dieselbe, auf 2 Volumina. Daher ist der isolirte Typ $\left.\begin{array}{l}H^2\\H^2\end{array}\right\}$ oder $\left.\begin{array}{l}H^3\\H^3\end{array}\right\}$... nicht möglich.

Es sei hier noch die allgemeine Formel für die Berechnung der bei irgend einer Temperatur bestimmten Dampfdichte D eines Körpers auf 0° und 0.76^m Druck aufgeführt. Die Bestimmung erfolge in einem Glasballon. Bezeichnet

G das Gewicht des Ballons mit Luft bei t^o und b Barometerstand,

G' das Gewicht des Ballons mit Dampf bei t'^o und b' Barometerstand,

V das Volumen in Cubikcentimetern,

g das Gewicht der Luft bei t^o und b,

$G-g$ daher das Gewicht des Glases,

k die Ausdehnung des Glases bis t',

0.00129366 das Gewicht von $1C^c$. Luft und 0.00366 den Ausdehnungscoëfficienten für 1° C; so ist:

$$D = \frac{G' - (G-g)}{0.00129366\, V\, (1+kt') \dfrac{1}{1+0.00366\, t} \cdot \dfrac{b'}{760}}$$

Die ersten Dampfdichtebestimmungen wurden von Gay-Lussac 1819 ausgeführt.

Körper.	Altes Atomgewicht.	Neues Atomgewicht.	Molekularformel.	Molekalur-Gewicht.	Volumen.	Spec. Gew. des Dampfes. Luft = 1.	Gewicht von 1000 Cubic Cent. Dampf bei 0° und 0.76m Druck in Gramme
Wasserstoff	$H=1$	$H=1$	H^2	2	2	0.06927	0.0896
Sauerstoff	$O=8$	$O=16$	O^2	32	2	1.10561	1.4302
Stickstoff	$N=14$	$N=14$	N^2	28	2	0.97134	1.2565
Kohlenstoff	$C=6$	$C=12$	. . . . .			0.82921	1.0727
Chlor	$Cl=35.5$	$Cl=35.5$	Cl^2	71	2	2.45307	3.1734
Chlorwasser-stoff	$HCl=36.5$	$HCl=36.5$	$\left.\begin{array}{l}H\\Cl\end{array}\right\}$	36.5	2	1.26117	1.6315
Jod	$J=127$	$J=127$	J^2	254	2	8.78269	11.3618
Jodwasserstoff	$HJ=128$	$HJ=128$	$\left.\begin{array}{l}H\\J\end{array}\right\}$	128	2	4.42598	5.7257
Wasser	$HO=9$	$H^2O=18$	$\left.\begin{array}{l}H\\H\end{array}\right\}O$	18	2	0.62207	0.8047
Ammoniak	$NH^3=17$	$NH^3=17$	$N\left\{\begin{array}{l}H\\H\\H\end{array}\right.$	17	2	0.58957	0.7627
Stickoxydul	$NO=22$	$N^2O=44$	N^2O	44	2	1.52414	1.9717
Cyan	$C^2N=26$	$CN=26$	$\left.\begin{array}{l}NC\\NC\end{array}\right\}$	52	2	1.80055	2.3293
Elayl	$C^4H^4=28$	$C^2H^4=28$	$C^2{}''H^4$	28	2	0.96775	1.2519
Aethyl	$C^4H^5=29$	$C^2H^5=29$	$\left.\begin{array}{l}C^2H^5\\C^2H^5\end{array}\right\}$	58	2	2.00477	2.5934
Kohlenoxyd	$CO=14$	$CO=28$	$C''O$	28	2	0.96741	1.2515
Kohlensäure	$CO^2=22$	$CO^2=44$	$C''O\, O$	44	2	1.52021	1.9666
Alkohol	$C^4H^6O^2=46$	$C^2H^6O=46$	$\left.\begin{array}{l}C^2H^5\\H\end{array}\right\}O$	46	2	1.613	2.086
Aether	$C^4H^5O=37$	$C^4H^{10}O=74$	$\left.\begin{array}{l}C^2H^5\\C^2H^5\end{array}\right\}O$	74	2	2.565	3.317
Essigsäure	$C^4H^4O^4=60$	$C^2H^4O^2=60$	$\left.\begin{array}{l}CH^3O\\H\end{array}\right\}O$	60	2	2.073	2.681
Essigsäurean-hydrid	$C^4H^3O^3=51$	$C^4H^6O^3=102$	$\left.\begin{array}{l}CH^3O\\CH^3O\end{array}\right\}O$	102	2	3.524	4.557

28.

Obgleich der Raum, welchen gleiche Moleküle verschiedener Flüssigkeiten oder fester Körper erfüllen, ohne Zweifel ein ganz bestimmter ist, so sind doch auf diesem Gebiete noch zu wenig Erfahrungen gemacht, um eine allgemein gültige Regel aufstellen zu können. Man nennt **specifische Volumina die relativen Räume, welche äquivalente Gewichtsmengen (Moleküle) der verschiedenen Substanzen erfüllen.**

Uns interessiren zunächst die specifischen Volumina der Flüssigkeiten.

Die relativen Räume sind gegeben durch die Quotienten aus den specifischen Gewichten in die Aequivalentgewichte.

$$R = \frac{M}{S} \qquad (1)$$

Denken wir uns die Aequivalentgewichte in Grammen, so bedeuten die specifischen Volumina Cubik-Centimeter.

Beispiel.

Wasser. Spec. Gewicht $= 1$.
Aequival.-Gewicht $H^2O = 18$

$$\frac{18}{1} = 18.$$

Weingeist. Spec. Gewicht bei $0^0 = 0.8095$.

Aequival.-Gewicht $\left.\begin{array}{c} C^2H^5 \\ H \end{array}\right\} O = 46$

$$\frac{46}{0.8095} = 56.8$$

d. h. 46 Gramme Weingeist nehmen 56.8 C^c Raum ein.

Die wichtigsten Arbeiten über die specifischen Volumina der Flüssigkeiten sind von Kopp ausgeführt worden.

Zur Vergleichung der specifischen Volumina hat Kopp dieselben allgemein für die Siedepunkte berechnet, weshalb sie auch nur für unzersetzt siedende Substanzen festgestellt wurden.

Da nämlich die specifischen Gewichte bei ungleichen Temperaturen ungleich sind, so kann man natürlich auch die spec. Volumina verschiedener Substanzen nicht bei verschiedenen Temperaturen vergleichen; man muss vielmehr solche Temperaturen wählen, bei denen die Dämpfe gleiche Spannkraft besitzen, die relative Raumerfüllung also von bestimmten gleichen Bedingungen abhängig ist. Dieses ist aber der Fall bei dem Siedepunkt, wo die Spannkraft dem mittleren Druck der Luft gleich ist.

Man kennt die specifischen Gewichte für verschiedene Temperaturen, auch die Ausdehnung bei höherer Temperatur.

Mit Berücksichtigung des Siedepunkts der Substanz, des specifischen Gewichtes bei einer bestimmten Temperatur St und der Ausdehnung von dieser Temperatur bis zum Siedepunkt, wird daher aus unserem obigen Ausdruck:

$$R = \frac{M}{St} \cdot V \qquad (2)$$

worin V das Volumen beim Siedepunkt bedeutet.

Oder wenn s das specifische Gewicht beim Siedepunht ausdrückt:

$$R = \frac{M}{s} \qquad (3)$$

Also z. B.:

      Weingeist. M = 46.

      St bei 0º = 0.8095.

      Siedepunkt 78º.

      Ausdehnung von 0º bis 78º = 0.0974

        Daher V = 1 + 0.0974 = 1.0974

$$\frac{46}{0.8095} \cdot 1.0974 = 62.5$$

Oder 46 Gramme Weingeist nehmen bei der Temperatur des Siedespunktes den Raum von 62.5 Cub.-Cent. ein.

Die Regelmässigkeiten, welche sich bei Vergleichung der specifischen Volumina ergeben haben, sind folgende:

1. Eine Zusammensetzungsdifferenz von xGH^2 entspricht einer Differenz von $x.22$ im specifischen Volumen; z. B.:

$$\text{Ameisensäure.} \qquad \text{Spec. Vol}$$
$$CH^2O^2 \qquad\qquad 41.8$$

$$\text{Essigsäure.}$$
$$C^2H^4O^2 \qquad\qquad 63.8$$

$$\text{Propionsäure.}$$
$$C^3H^6O^2 \qquad\qquad 85.8$$

2. Aequivalente Gewichtsmengen von Kohlenstoff und Wasserstoff können sich ohne Aenderung des specifischen Volumens ersetzen.

Benzoesäure.

$$\left.\begin{array}{l}C^7H^5O\\ H\end{array}\right\} O \qquad C^7 + 6\,H = 20 \text{ Einheiten}$$

Spec. Vol.

gefunden	berechnet
126.9	130

Propionsaures Aethyl.

$$\left.\begin{array}{l}C^3H^5O\\ C^2H^5\end{array}\right\} O \qquad C^5 + 10\,H = 20 \text{ Einheiten} \qquad 125.8 \qquad 130$$

$$\text{Also ist } C = 11$$

$$\text{und } H = \frac{11}{2} = 5.5$$

specifisches Volumen von Wasserstoff und Kohlenstoff.

3. Isomere Flüssigkeiten besitzen gleiche spec. Volumina.

Ameisensaures Butyl.	Essigsaures Propyl.	Propionsaures Aethyl.	Buttersaures Methyl.	Valeriansäure.
$\left.\begin{array}{l}CHO\\ C^4H^9\end{array}\right\}O$	$\left.\begin{array}{l}C^2H^3O\\ C^3H^7\end{array}\right\}O$	$\left.\begin{array}{l}C^3H^5O\\ C^2H^5\end{array}\right\}O$	$\left.\begin{array}{l}C^4H^7O\\ C\,H^3\end{array}\right\}O$	$\left.\begin{array}{l}C^5H^9O\\ H\end{array}\right\}O$

	Butyl.	Propyl.	Aethyl.	Methyl.	Valeriansäure.
Molekulargew.	102	102	102	102	102
Spec. Vol. gefunden.	—	—	125.8	127.3	131.2
Spec. Vol. berechnet.	130	130	130	130	130

4. Aequivalente Mengen von Wasserstoff und Sauerstoff können sich ersetzen, haben annähernd gleiches spec. Volumen.

Holzgeist.	Ameisensäure.
$\left.\begin{array}{l}CH^3\\ H\end{array}\right\}O$	$\left.\begin{array}{l}CHO\\ H\end{array}\right\}O$

Spec. Vol.	gefunden.	42.2	41.8
	berechnet.	40.8	42

Weingeist.	Essigsäure.
$\left.\begin{array}{l}C^2H^5\\ H\end{array}\right\}O$	$\left.\begin{array}{l}C^2H^3O\\ H\end{array}\right\}O^2$

Spec. Vol.	gefunden.	62.5	63.8
	berechnet.	62.8	64.0

Kopp berechnete die specifischen Volumina von

1) Weingeist $\left.\begin{array}{l} C^2H^5 \\ H \end{array}\right\} O$ zu   62.8

2) Aether $\left.\begin{array}{l} C^2H^5 \\ C^2H^5 \end{array}\right\} O$ zu   106.8

3) Essigsäure $\left.\begin{array}{l} C^3H^3O \\ H \end{array}\right\} O$ zu   64

4) Essigsäureanhydrid $\left.\begin{array}{l} C^2H^3O \\ C^2H^3O \end{array}\right\} O$ zu   109.2

Nun bleiben nach Abzug der bekannten Werthe für Kohlenstoff und Wasserstoff folgende Reste:

In 1:   62.8—55 = 7.8

In 2: 106.8—99 = 7.8

In 3:   64.0—44 = 20.0 = 7.8 + 12.2

In 4: 109.2—77 = 33.2 = 7.8 + (2 × 12.2).

Daher hat

5. Der Sauerstoff zwei verschiedene specifische Volumina, je nachdem er im Radical oder ausserhalb desselben sich befindet. Ebenso seine Homologen Schwefel....

O_α im Radical   = 12.2

O_β ausserhalb des Radicals =   7.8

S_α im Radical   = 28.8

S_β ausserhalb des Radicals = 23.2

Ausserdem wurden von Kopp noch bestimmt die specifischen Volumina von

Chlor, Cl · . . . . = 22.8

Brom, Br . . . . = 27.8

Jod, J   . . . . = 37.5

NO^2 in Nitroverbindungen . . = 33

Cyan, CN . . . . = 28

Stickstoff in den flüchtigen Basen =   2.3

6. Das specifische Volumen einer Verbindung lässt sich durch die Summe der specifischen Volumina der einzelnen Bestandtheile darstellen.

7. Die verschiedenen specifischen Volumina von Sauerstoff, Schwefel.... sind eine abermalige Rechtfertigung der

typischen Ausdrucksweise, man kann in gewissen zweifelhaften Fällen ferner einer bestimmten Formel den Vorzug ertheilen.

Das specifische Volumen der Essigsäure ist zu 63.8 gefunden, zu 64.0 berechnet worden.

In der That erhalten wir:

$$C^2 = 2 \times 11 \quad = 22$$
$$H^4 = 4 \times 5.5 = 22$$
$$O_\alpha = \qquad = 12.2$$
$$O_\beta = \qquad = 7.8$$

$$\left.\begin{array}{l} C^2H^3O_\alpha \\ H \end{array}\right\} O_\beta \quad = 64.0$$

Der Aldehyd der Propionsäure und Aceton ist C^3H^6O.

Je nachdem O_α oder O_β, d. h. ein sauerstoffhaltiges oder sauerstofffreies Radical vorhanden, wird das spec. Volumen

$$(3 \times 22) + 12.2 = 78.2$$
$$\text{oder } (3 \times 22) + 7.8 = 73.8$$

sein. Der Versuch gab 77.6. Wir entscheiden uns für das sauerstoffhaltige Radical und schreiben:

$$\text{Propylaldehyd} = \left.\begin{array}{l} C^3H^5O \\ H \end{array}\right\} \text{*)}$$

$$\text{Aceton} \quad = \left.\begin{array}{l} CH^3O \\ CH^3 \end{array}\right\}$$

$$\text{oder } C \left\{\begin{array}{l} H^2 \\ CH^3O \\ H \end{array}\right. \text{**)}$$

Der isomere Allylalkohol $\left.\begin{array}{l} C^3H^5 \\ H \end{array}\right\} O$ wird das specifische Volumen 73.8 haben.

In der folgenden Tabelle ist $O = 12.2$ durch O_α und $O = 7.8$ durch O_β bezeichnet; ebenso $S_\alpha = 28.8$, $S_\beta = 23.2$.

---

*) Daher die Aldehyde allgemein:

$$\left.\begin{array}{l} C^nH^mO \\ H \end{array}\right\}$$

**) Richtiger, denn im Aceton kann noch H substituirt werden.

Körper.	Formel.	Molekular-gewicht.	Spec. Vol. beim Siedepunkt.	
			gefunden.	berechnet.
Wasser	$\left.\begin{smallmatrix}H\\H\end{smallmatrix}\right\}O_\beta$	18	18.8	18.8
Schweflige Säure	$SO_\alpha\}\,O_\beta$	64	43.9	42.6
Untersalpeters. in den Nitro-verbindungen	NO^2	46	31.7—32.4	33.0
Ammoniak	$N\{H^3$	17	22.4—23.3	18.8
Alkohol	$\left.\begin{smallmatrix}C^2H^5\\H\end{smallmatrix}\right\}O_\beta$	46	61.8—62.5	62.8
Aether	$\left.\begin{smallmatrix}C^2H^5\\C^2H^5\end{smallmatrix}\right\}O_\beta$	74	105.6—106.4	106.8
Aethylsulfhydrat (Mercaptan)	$\left.\begin{smallmatrix}C^2H^5\\H\end{smallmatrix}\right\}S_\beta$	62	76.0—76.1	77.6
Aethylsulfür	$\left.\begin{smallmatrix}C^2H^5\\C^2H^5\end{smallmatrix}\right\}S_\beta$	90	120.5—121.5	121.6
Aethylchlorür	$\left.\begin{smallmatrix}C^2H^5\\Cl\end{smallmatrix}\right\}$	64.5	71.2—74.5	72.3
Aethylbromür	$\left.\begin{smallmatrix}C^2H^5\\Br\end{smallmatrix}\right\}$	109	78.4	77.3
Aethyljodür	$\left.\begin{smallmatrix}C^2H^5\\J\end{smallmatrix}\right\}$	156	85.9—86.4	87.0
Salpetersaures Aethyl	$\left.\begin{smallmatrix}NO^2\\C^2H^5\end{smallmatrix}\right\}O_\beta$	91	90.0—90.1	90.3
Aldehyd	$\left.\begin{smallmatrix}C^2H^3O_\alpha\\H\end{smallmatrix}\right\}$	44	56.0—56.9	56.2
Aceton	$C^2\left\{\begin{smallmatrix}H\\CH^3O_\alpha\\H\end{smallmatrix}\right\}$	58	77.3—77.6	78.2
Essigsäure	$\left.\begin{smallmatrix}C^2H^3O_\alpha\\H\end{smallmatrix}\right\}O_\beta$	60	63.5—63.8	64.0
Essigsäureanhy-drid.	$\left.\begin{smallmatrix}C^2H^3O_\alpha\\C^2H^3O_\alpha\end{smallmatrix}\right\}O_\beta$	102	109.9—110.1	109.2
Essigsaures Aethyl	$\left.\begin{smallmatrix}C^2H^3O_\alpha\\C^2H^5\end{smallmatrix}\right\}O_\beta$	88	107.4—107.8	108.0
Aethylamin	$N\left\{\begin{smallmatrix}C^2H^5\\H\\H\end{smallmatrix}\right.$	45	65.3	62.8

Unlängst hat Tschermak Bemerkungen über das allgemeine Volumgesetz flüssiger Verbindungen bekannt gemacht. Wir theilen kurz die Resultate seiner Untersuchungen mit.

Das relative Volum der Körper ist abhängig von der
chemischen Constitution, der Temperatur und dem auf die
Verbindung wirkenden Druck, abgesehen von anderen besonderen Faktoren:

$$V = (p'\ t'\ d)\ \xi. \qquad (1)$$

Zerlegen wir ξ in bestimmtere Faktoren $\varphi\ (p)\ \psi$, so giebt
uns die Gleichung

$$V = \varphi\ (p) \cdot \psi\ (p'\ t'\ d) \qquad (2)$$

das relative Volum als abhängig von der chemischen Constitution und dem Ausdehnungscoëfficienten für verschiedene Temperaturen (t) und verschiedenen Druck (d). Die relativen
Volumina gasförmiger Körper verhalten sich nun wie die umgekehrten Massen ihrer Moleküle

$$V' : V'' = M'' : M'$$

wobei von Druck und Wärmeeinfluss abgesehen ist.

Für letzteren Fall ergiebt sich, das specifische Gewicht
des Wasserstoffes $= 2$ gesetzt:

$$V' = \frac{1}{M}\ \text{und}$$

$$V = \frac{1}{M}\ \psi\ (p'\ t'\ d). \qquad (3)$$

Setzt man d als constant und für t die Schmelztemperatur
t_s, so mag der Faktor c den Ausdruck $\psi\ (p'\ t'\ d)$ specieller
geben.

Da nun nach vielen Beobachtungen das relative Volumen
im geraden Verhältniss zur Anzahl der Atome (n), im umgekehrten zu dem Molekulargewicht (m) steht, so ist

$$V = \frac{nc}{m} = \frac{nc}{m}\ \psi\ (p'\ t'\ d). \qquad (4)$$

Wird das specifische Gewicht für den Schmelzpunkt mit
s bezeichnet, so erhält man aus (4)

$$c = \frac{m}{n} s, \qquad (5)$$

und das specifische Gewicht des Wassers bei 0° als Einheit
angenommen,

$$c = \frac{H_2O}{4s} = \frac{18}{4} = 4.5$$

Zuverlässige Beobachtungen nahe dem Schmelzpunkte geben für c ungefähr 4 . 5.

Bezeichnet C den Condensationscoëfficienten des Wasserstoffs und wird die Einheit des Wasserstoffs in Volum und Gewicht zu Grunde gelegt, so erhält man für das specifische Volumen gasförmiger Körper

$$Vg = \frac{1}{M} C = \frac{C}{M} \qquad (6)$$

und flüssiger Körper

$$Vf = \frac{N}{M} \qquad (7)$$

und für das specifische Volumen

$$Vm = nc \cdot \psi\,(p'\,t'\,d) = \frac{m}{st}. \qquad (8)$$

In dieser Entwickelung wurde $\psi\,(p'\,t'\,d) = 1$ gesetzt.

Bestimmt man für t' die genaueren Werthe, was in der That ausgeführt ist, so geht obiger Ausdruck von V in den genaueren

$$V = \frac{nc}{m}\,\varepsilon \qquad (9)$$

über, daher

$$Vm = nc\varepsilon. \qquad (10)$$

Zerlegt man nun n, die Summe der Atomenzahlen der einzelnen Radicale und deren Coëfficienten, in die durch den Versuch bestimmten Werthe α, α', α'' .... *) der Elemente a, b, c...., so ist, wenn $n = a\alpha + b\alpha' + c\alpha''$ ....

---

*) Tschermak nennt die Werthe α „physikalische Atomenzahlen der unzerlegten Radicale" im Gegensatz zu den chemischen Atomengrössen.

Wir haben bemerkt, dass die Masse eines Moleküles im flüssigen Zustande ebenso gross wie im gasförmigen zu setzen ist, dass ferner das Molekulargewicht, dividirt durch das specifische Gewicht, den Molekularraum ergiebt:

$$R = \frac{M}{s}.$$

Setzt man nun z. B. den Molekularraum des flüssigen Schwefels $S_2 = 8\,(n)$, so wird $\alpha S = 4$.

$$V = \frac{a_\alpha + b_{\alpha'} + c_{\alpha''}\ldots}{m}\,c_\varepsilon \qquad (11)$$

$$\text{und}\quad Vm = \frac{m}{s} = nc_\varepsilon = (a_\alpha + b_{\alpha'} + c_{\alpha''} + \ldots)c_\varepsilon. \qquad (12)$$

Kopp nahm bekanntlich die Siedepunktstemperaturen zur Vergleichung, Tschermak leitet seine Resultate aus der Vergleichung der Schmelztemperaturen ab. Das specifische Volumen eines unzerlegten Radicales ist, wie aus (12) folgt, ac_ε, Kopp nahm die Grösse c_ε beim Siedepunkt als gleich und constant an und fand gewisse Unterschiede im specifischen Volum der Elemente in deren Stellung innerhalb oder ausserhalb des Radicales begründet. Tschermak giebt in seinem allgemeinen Gesetz diesen Unterschied nicht zu.

So sind die Molekularräume von

Aldehyd	$\overline{C}^2H^4\overline{O}$	$= 10\ (4 + 4 + 2)$
Alkohol	$\overline{C}^2H^6\overline{O}$	$= 12\ (4 + 6 + 2)$
Propylaldehyd	$\overline{C}^3H^6\overline{O}$	$= 14\ (6 + 6 + 2)$
Propionsäure	$\overline{C}^3H^6\overline{O}^2$	$= 16\ (6 + 6 + 4)$
Milchsäure	$\overline{C}^3H^3\overline{O}^3$	$= 18\ (6 + 6 + 6)$
Methyltrisulfocarbonat	$\overline{C}^3H^6S^3$	$= 36\ (6 + 6 + (3 \times 8))$

$$\left(\begin{array}{l} \overset{..}{\overline{C}}S \\ (\overline{C}H^3)^2 \end{array} \right\} S^2 \right)$$

Woraus folgt, dass

$$''H = 1; \quad ''\overline{O} = 2; \quad ''\overline{C} = 2.$$

Bei Zusammenfassung des Beobachteten ergiebt sich:

$''H = 1$	$''\overline{O} = 2$	$''N = 2$	$''C = 2$
$''F = 2$	$''S = 4$	$''P = 4$	$''Si = 4$
$''Cl = 4.5$	.	$''As = 5$	.
$''Br = 5.5$	.	$''Sb = 6$	$''Sn = 6$
$''J = 7$	.	.	.

und die allgemeine Regel:

Der Molekularraum eines flüssigen Körpers wird durch die Summe der Atomräume ausgedrückt. Die Atomenräume sind constante Grössen.

Die Temperaturen, für welche dieser Satz gilt, sind indessen für verschiedene Körper verschieden, und da wir die bestimmten Temperaturen nicht kennen, so können wir für jetzt nur von Annäherungswerthen sprechen (Tschermak).

Wir stellen hier die allgemeinen Gesetzmässigkeiten, welche sich bei dieser Vergleichung der Volumina ergeben haben, zusammen:

1. Gleiche Volumina gasförmiger Körper enthalten eine gleiche Anzahl von Molekülen.

2. Gleiche Volumina flüssiger Körper enthalten eine gleiche Anzahl physikalischer Atome.

3. Jeder Körper nimmt in Gasform einen $\dfrac{c}{n} = \dfrac{4970}{n}$ mal $>$ Raum ein, als im flüssigen Zustande.

Oder in Gleichungen ausgedrückt, wenn M die Masse des Körpers, $\dot{m}$ die des Moleküles, N und n die Anzahl der physikalischen Atome in M und m, S die Anzahl der Moleküle und C das Verhältniss der Dichte des Wasserstoffs zu der des Wassers bei 0^0 dividirt durch c (4.5):

$$M = Sm$$
$$N = Sn$$
$$\frac{M}{Vg} = m$$
$$\frac{M}{Vf} = \frac{m}{n}C. \quad \text{Daher}$$
$$Vg : Vg' = S : S' \quad (1)$$
$$Vf : Vf' = N : N' \, . \, (2)$$
$$Vg : Vf = C : n \quad (3)$$

4. Die Volumina flüssiger Verbindungen verhalten sich umgekehrt, wie die mittleren Massen der darin enthaltenen Atome.

5. Die unorganischen Radicale müssen, wie die organischen, zusammengesetzte Körper sein. Aehnliche Reactionen scheinen homologen Reihen zu entsprechen.

6. Die Elemente im freien Zustande sind Verbindungen des betreffenden Radicales nach verschiedenen Verhältnissen.

7. Die mittleren physikalischen Atomgewichte derjenigen Radicale, welche einander ersetzen können ohne Aenderung des chemischen Charakters der Verbindung, sind einander gleich oder stehen in einem einfachen Verhältniss zu einander.

Und noch einige besondere Fälle:

8. Bei Körpern von höherem Molekulargewicht ist das specifische Gewicht im Verhältniss geringer, als bei Körpern von niederem Molekulargewicht.

$$\text{Ameisensäure } CH^2O^2 \quad \text{Spec. Gew.} = 1.2227 \text{ bei } 0^{\,0}$$

$$\text{Essigsäure } \quad C^2H^4O^2 \quad \text{\textquotedbl} \qquad \text{\textquotedbl} \quad = 1.0801 \text{ bei } 0^{\,0}$$

$$\text{Stearinsäure } C^{18}H^{36}O^2 \quad \text{\textquotedbl} \qquad \text{\textquotedbl} \quad = 0.8347 \text{ bei } 70^{\,0}$$

9. Je $>$ die Anzahl der Wasserstoffatome, desto $<$ ist das specifische Gewicht:

$$\text{Benzoësäure} \qquad C^7H^6O^2 \;\text{Spec. Gew.} = 1.0838 \text{ bei } 121^{\,0}$$

$$\text{Essigsaures Amyl } C^7H^{14}O^2 \quad \text{\textquotedbl} \qquad \text{\textquotedbl} \quad = 0.8837 \text{ bei } 0^{\,0}$$

10. Isomere und polymere Verbindungen haben nahezu gleiches specifisches Gewicht:

$$\text{Essigsaures Butyl } \left.{\begin{matrix} C^2H^3O \\ C^4H^9 \end{matrix}}\right\} O \;\text{Spec. Gew.} = 0.9004 \text{ bei } 0^{\,0}$$

$$\text{Buttersaures Aethyl } \left.{\begin{matrix} C^4H^7O \\ C^2H^5 \end{matrix}}\right\} O \quad \text{\textquotedbl} \qquad \text{\textquotedbl} \quad = 0.9001 \text{ bei } 0^{\,0}$$

Was die specifischen Volumina fester Körper betrifft, so sind diese im Allgemeinen verschieden, einige natürliche Gruppen unter den Elementen und einigen anderen Verbindungen haben sich zwar ergeben, die Aufstellung einer allgemeinen Regel ist aber noch nicht möglich gewesen. Es sei noch hinzu gefügt, dass eigene Beziehungen zwischen specifischem Volumen und Krystallform zu bestehen scheinen (Kopp).

29.

Der Umfang dieser Schrift erlaubt es nicht, auf die physikalischen Eigenschaften der Körper näher einzugehen, indem unsere Absicht nur dahin geht, die neue Theorie und die Hauptsätze, welche sie begründen, anschaulich und übersichtlich vorzuführen. So beschränken wir uns, noch wenige Bemerkungen über die specifische Wärme folgen zu lassen.

Bekanntlich werden diejenigen relativen Wärmemengen, welche eine gleiche Temperaturerhöhung bei verschiedenen Körpern hervorbringen, als specifische Wärme bezeichnet. Zur Messung hat man die Volum- oder Gewichtseinheit des Wassers oder Wasserstoffs als Einheit angenommen. (Specifische Wärme des Wassers = 1 oder specifische Wärme des Wasserstoffs = 1.)

Die Untersuchungen über diesen Gegenstand haben darauf hingewiesen, dass auch zwischen der specifischen Wärme und der molekularen Zusammensetzung der Körper ein Zusammenhang besteht, dass bei den Elementen häufig die specifische Wärme im umgekehrten Verhältniss der Molekulargewichte steht (Satz von Dulong und Petit), dass aber einfachere Beziehungen sich unter den festen Körpern als unter den Gasen und Flüssigkeiten herausstellen (Anwendung vergl. im letzten Theil).

Specifische Wärme.

Von Gasen.

	Körper.	Molekular-Gewicht.	Spec. Wärme gleicher Gew. Wasser = 1	Produkt.
1	Wasserstoff H^2	2	3.4046	6.81
	Sauerstoff O^2	32	0.2182	6.98
	Stickstoff N^2	28	0.2440	6.83
	Chlorwasserstoff HCl	36.5	0.1845	6.73
2	Chlor Cl^2	71	0.1214	8.62
	Brom Br^2	160	0.0552	8.83
	Wasser H^2O	18	0.4750	8.55
	Ammoniak NH^3	17	0.5080	8.64
3	Elayl C^2H^4	28	0.3694	10.34
	Alkohol C^2H^6O	46	0.4513	20.76
	Aether $C^4H^{10}O$	74	0.4810	35.59
	Terpentinöl $C^{10}H^{16}$	136	0.5061	68.83

Specifische Wärme.
Von Flüssigkeiten.

Körper.	Molekular-Gewicht.	Spec. Wärme gleicher Gew. Wasser = 1.	Produkt.
Wasser H^2O	18	1.000	18.00
Alkohol C^2H^6O	46	0.615	28.29
Aether $C^4H^{10}O$	74	0.467	37.22
Terpentinöl $C^{10}H^{16}$	136	0.467	63.51

(Körper 4)

Von festen Körpern.

Körper.	Molekular-Gewicht.	Spec. Wärme gleicher Gew. Wasser = 1.	Produkt.
Jod J	127	0.0541	6.87
Quecksilber Hg	200	0.0324	6.48
Quecksilberchlorid $HgCl^2$	271	0.0689	3×6.22
Quecksilberjodid HgJ^2	454	0.0394	3×6.35

(Körper 5)

VI. Die neuen Atomgewichte.

30.

Im Verlaufe der seitherigen Betrachtungen hat sich ergeben, dass bei vielen Elementen der Werth der kleinsten Wirkungsgrösse geändert werden muss. Wir stellen daher schliesslich die neuen Atomgewichte für alle diejenigen Elemente, bei welchen eine Veränderung gerechtfertigt erscheint, zusammen; eine summarische Begründung fügen wir hinzu.

Eine Veränderung erleiden:

1. Sauerstoff, Schwefel und die verwandten Selen und Tellur. (Zweiatomige Elemente.)

$$O^*) = 16. \quad S = 32. \quad Se = 80. \quad Te = 128.$$

2. Kohlenstoff, Silicium, Zirkonium.
Titan (Tantal), Zinn.
(Vieratomige Elemente.)

$$C = 12. \quad Si = 28. \quad Zr = 89.$$
$$Ti = 50. \quad (Ta = 117.) \quad Sn = 118.$$

3. Eisen, Mangan (Nickel, Kobalt).

$$Fe = 56. \quad Mn = 55. \quad (Ni = 58. \quad Co = 60.)$$

Aluminium (Beryllium), Chrom (Uran).

$$Al = 27.5. \quad (Be = 14.) \quad Cr = 52. \quad U = 120).$$

Quecksilber, Kupfer, Blei.

$$Hg = 200. \quad Cu = 63.5 \quad Pb = 207.$$

---

*) Die Verdoppelung ist mit dem Strich angezeigt.

Zink, (Kadmium).
$Zn = 65.5.$ $(Cd = 112.)$
Platin (Platinmetalle).
$Pt = 197.$
Magnesium, Calcium, Baryum (Strontium).
$Mg = 24.$ $Ca = 40.$ $Ba = 137.$ $(Sr = 88.)$
(Die Elemente sind zweiatomig.)

Unverändert bleiben:

Wasserstoff, Fluor, Chlor, Brom, Jod (einatomig).
$H = 1.$ $F = 19.$ $Cl = 35.5.$ $Br = 80.$ $J = 127.$
Stickstoff, Phosphor, Arsenik, Antimon, Wismuth (dreiatomig).
$N = 14.$ $P = 31.$ $As = 75.$ $Sb = 120.$ $Bi = 210.$
Bor (dreiatomig).
$B = 11.$
Kalium, Natrium, Lithium (einatomig).
$K = 39.$ $Na = 23.$ $Li = 7.$
Silber, Gold (einatomig).
$Ag = 108.$ $Au = 196.$
Molybdän, Wolfram, Vanadin (dreiatomig?)
$Mo = 48.$ $W = 92.$ $V = 70.$

Die noch übrigen seltneren Metalle lassen wir unberücksichtigt, zumal weniger Beobachtungen von denselben vorliegen.

Wir berufen uns bei diesen Annahmen
1. Auf die Dampfdichten (V. 25).

Dampfdichten.

Verbindungen.	Molekular-Formel.	Molek.-Gew.	Dampfdichte. Luft = 1. H (2 Vol.) $=1$ Vol. mit Condens.		Vol.
			berechn.	gefunden.	
Chlorwasserstoff	HCl	36.5	1.26	1.26	2
Ammoniak	NH^3	17	0.587	0.589	2
Phosphorchlorür	PCl^3	138.5	4.74	4.79	2
Arsenchlorür	$AsCl^3$	181.5	6.26	6.3	2
Borchlorid	BCl^3	117.5	4.06	3.94—4.06	2
Vanadiumchlorid	VCl^3	176.5	6.04	6.41	2

Verbindungen.	Molekular-Formel.	Molek.-Gew.	Dampfdichte. Luft = 1. H (2 Vol.) = 1 Vol. mit Condens.		Vol.
			berechn.	gefunden.	
Eisenchlorid	Fe^2Cl^6	325	11.23	11.39	2
Aluminiumchlorid	Al^2Cl^6	268			(2)
Chromchlorid	Cr^2Cl^6	201			(2)
Quecksilber	Hg^2	200	6.91	6.97—7.03	2
Quecksilberchlorür	$HgCl$	235.5	8.14	8.21—8.35	2
Quecksilberchlorid	$HgCl^2$	271	9.36	9.8	2
Zinkäthyl	$Zn(C^2H^5)^2$	123	4.25	4.26	2
Doppeltchlorkohlenstoff	CCl^4	154	5.3	5.24	2
Siliciumchlorid	$SiCl^4$	170	5.89	5.94	2
Zirkoniumchlorid	$ZrCl^4$	231	7.98	8.15	2
Titanchlorid	$TiCl^4$	198	6.63	6.83	2
Tantalchlorid	$TaCl^4$	259			(2)
Zinnchlorid	$SnCl^4$	260	8.98	9.20	2

u. s. f.

2. Die neuen Atomgewichte stehen in gewisser Uebereinstimmung mit dem allgemeinen Volumgesetz (V. 26). Die Zahl der Beobachtungen ist indessen noch beschränkt.

3. Durch Division der Atomenzahl einer Verbindung in die specifische Wärme des Moleküles derselben erhält man die specifische Wärme des Atomes, nach vielen Beobachtungen bei unorganischen Körpern im festen Zustande eine Constante.

Wenn m das Molekulargewicht des Körpers, s die specifische Wärme der Gewichtseinheit, n die Atomenzahl des Moleküls bezeichnet, so ist die Constante

$$a = \frac{ms}{n},$$

ein Werth, welcher im Allgemeinen zwischen 6 und 7 liegt (Mittel 6.5).

Für einfache Körper ist die Constante $= ps$, wenn p das Atomgewicht bezeichnet.[*]

---

[*] Vergl. Mittheilungen von Cannizzaro, 1858.

Specifische Wärmen.
I.

Körper.	Zeichen.	p	s	p s
Brom, fest	Br	80	0.0843	6.74
Jod	J	127	0.0541	6.87
Quecksilber, fest	Hg	200	0.0324	6.48
Kupfer	Cu	63.5	0.0951	6.04
Zink	Zn	65.5	0.0955	6.25
Blei	Pb	207	0.0314	6.50
Mangan	Mn	55	0.1181	6.49
Eisen	Fe	56	0.1138	6.37
Zinn	Sn	118	0.0562	6.62
Platin	Pt	197	0.0324	6.38
Silber	Ag	108	0.0570	6.16
Gold	Au	196	0.0324	6.36
Kalium	K	39	0.1695	6.61
Natrium	Na	23	0.2934	6.74

II.

Körper.	Zeichen.	m	s	ms	n	$\frac{ms}{n}$
Quecksilberchlorür	$HgCl$	235.5	0.0520	12.25	2	6.13
Quecksilberchlorid	$HgCl^2$	271	0.0689	18.67	3	6.22
Quecksilberjodür	HgJ	327	0.0394	12.91	2	6.45
Quecksilberjodid	HgJ^2	454	0.0419	19.05	3	6.35
Kupferchlorür	$CuCl$	99	0.1382	13.68	2	6.84
Zinkchlorid	$ZnCl^2$	136.5	0.1362	18.58	3	6.19
Bleichlorid	$PbCl^2$	278	0.0664	18.46	3	6.15
Manganchlorür	$MnCl^2$	126	0.1425	17.96	3	5.98
Zinnchlorür	$SnCl^2$	189	0.1016	19.20	3	6.40
Silberchlorid	$AgCl$	143.5	0.0911	13.07	2	6.53
Kaliumchlorid	KCl	74.5	0.1729	12.88	2	6.44
Natriumchlorid	$NaCl$	58.5	0.2140	12.52	2	6.26
Kaliumbromid	KBr	119	0.1132	13.47	2	6.73
Natriumbromid	$NaBr$	103	0.1384	14.26	2	7.13
Magnesiumchlorid	$MgCl^2$	95	0.1946	18.48	3	6.16
Calciumchlorid	$CaCl^2$	111	0.1642	18.22	3	6.07
Baryumchlorid	$BaCl^2$	208	0.0895	18.63	3	6.21

4. Die typische Betrachtungsweise spricht in vielen Fällen zu Gunsten der neuen Atomgewichte.

Zum Schlusse glaubte ich noch zwei Punkte kurz erwähnen zu müssen:

1. Man hat neuerdings für Eisen, Aluminium.... das vierfache alte Atomgewicht vorgeschlagen, $Fe = 112$, $Al = 55$.... Wenn nun schon die Dampfdichte des Eisenchlorids auf die Formel Fe^4Cl^6 bezogen werden muss, so können in der That auch $2 Fe$ darin angenommen werden. Die Verbindungen von Eisen, Aluminium.... würden im anderen Falle unnatürlicher zu formuliren sein.

Wir schreiben daher:

$$\text{Eisenvitriol.} \qquad\qquad \text{Eisen-Ammoniakalaun.}$$
$$\text{(Fe zweiatomig.)} \qquad\qquad \text{(Fe dreiatomig.)}$$

$$\left.\begin{array}{l} \overset{''}{S}O^2 \\ \overset{''}{Fe} \end{array}\right\} O^2 + 7\,H^2O \qquad \overset{'''}{Fe} \,.\, NH^4 \left.\begin{array}{l} \overset{''}{S}O^2 \\[2pt] S{O^2}'' \end{array}\right\} \begin{array}{l} O^2 \\[6pt] O^2 \end{array} \Big\} + 12\,H^2O$$

2. Was die Formeln der Kieselsäure anbetrifft, so sind die Chemiker in diesem Punkte noch verschiedener Meinung. Die Formeln SiO^2 oder SiO^3 können wir nicht mehr adoptiren, vielmehr müssen SiO^2 oder SiO^3 an die Stelle treten; von diesen wieder kann consequenterweise nur die erste angenommen werden. So tritt Silicium als vieratomig mit Kohlenstoff, Zinn in eine Reihe. Denn

a) Die Dampfdichten der flüchtigen Silicium-Verbindungen entsprechen der Form SiO^2 gemäss 2 Vol.

Dampfdichte.

	Gefunden.	Berechnet.
Chlorsilicium $SiCl^4$	5.94	5.89
Fluorsilicium SiF^4	3.57 — 3.60	3.61
Kieseläther $Si(C^2H^5)^4O^4$	7.32	7.19

Es besteht indessen nach den Beobachtungen von Pierre eine Chlorverbindung des Siliciums, worin $\frac{1}{3}$ des Chlors durch Schwefel ersetzt ist, was in diesem einzelnen Falle für $SiCl^4S$ zu sprechen scheint. Die Dampfdichte wurde zu 5.3 gefunden, für 3 Vol. berechnet sich 5.6. Von der Dampfdichte abgesehen, kann die Formel

$$\mathrm{SiS^2 + 2\,SiCl^4}$$

angenommen werden.

b) Marignac hat neuerdings auf die Isomorphie der Fluorsilicium- und Fluorzinnverbindungen aufmerksam gemacht. Wir schreiben aber Zinnoxyd $\mathrm{SnO^2}$ (ebenso Titansäure $\mathrm{TiO^2}$, Zirkonerde $\mathrm{ZrO^2}$ (Marignac), daher auch Kieselsäure $\mathrm{SiO^2}$.

c) Wir haben gelegentlich des Volumgesetzes erwähnt, dass Silicium mit Kohlenstoff und Zinn in eine natürliche Reihe tritt.

d) Scheinbare Analogien mit der Borsäure $\mathrm{BO^3}$ können nicht für maassgebend gehalten werden.

e) Die Formeln der mehrsten Silicium-Verbindungen werden bei Annahme der Formel $\mathrm{SiO^2}$ am einfachsten.

Kieselfluorwasserstoff.

Alte Formel.	Neue Formel.	
$\mathrm{HF\,.\,SiF^2}$	$\mathrm{2\,HF\,.\,SiF^4}$	(für $\mathrm{SiO^2}$)
oder $\mathrm{3\,HF\,.\,2\,SiF^3}$	$\mathrm{3\,HF\,.\,SiF^6}$	(für $\mathrm{SiO^3}$)

Feldspath.
Alte Formeln:

$$\mathrm{KO\,.\,SiO^3 + Al^2O^3\,.\,3\,SiO^3.} \quad \text{oder} \quad \mathrm{KO\,3\,SiO^2 + Al^2O^3\,.\,3\,SiO^2.}$$

$$\text{Sauerstoffverh.:} \quad (1:3 + 3 \times 1:3) \quad (1:6 + 3:6)$$

(Scheinbar einfacher.)

Für den Feldspath erhält man indessen mit Zugrundlegung der Formel $\mathrm{SiO^2}$ den gewiss einfachen Ausdruck:

$$\left.\begin{array}{l} \overset{''''}{\mathrm{Si}} \\[2pt] \overset{'''}{\mathrm{Al}}\,.\,\mathrm{K} \end{array}\right\}\mathrm{O^4} \left.\begin{array}{l} \\ \end{array}\right\}$$
$$\left.\begin{array}{l} \overset{''''}{\mathrm{Si}} \\[2pt] \overset{''''}{\mathrm{Si}} \end{array}\right\}\mathrm{O^4} \left.\begin{array}{l} \\ \end{array}\right\}$$

Wird Kieselsäure mit kohlensaurem Natron oder Kali zusammengeschmolzen, so stehen die ausgetriebenen Mengen Kohlensäure in scheinbar einfacherem Verhältniss zur eingetretenen Kieselsäure, wenn diese $\mathrm{SiO^3}$ geschrieben wird (Scheerer).

Unter R Kalium oder Natrium verstanden, sind nämlich die Formeln der entstandenen Silicate:

	Primäres Silicat.	Intermediäre Silicate.		Maximumsilicat.
Für SiO^3:	$RO . SiO^3$	a) $3RO.2SiO^3$	b) $2RO . SiO^3$	$3RO.SiO^3$
Für SiO^2:	$2RO . 3SiO^2$	a) $RO . SiO^2$	b) $4RO . 3SiO^2$	$2RO.SiO^2$

$$
\text{Für } SiO^2 \text{ erhält man:}
\qquad
\left.
\begin{array}{l}
\overset{''''}{Si} \\ R^4
\end{array}
\right\} O^4
\quad
\overset{''''}{Si} \Big\} O^4
\quad
\overset{''''}{Si} \Big\} O^4
$$

Für SiO^3 wird die Reihe also nicht vereinfacht. Dass die
Kieselsäure aus kohlensauren Alkalien in höherer Temperatur nicht
gerade ein Aequivalent Kohlensäure ($SiO^2 : CO^2$) austreibt,
scheint uns nicht direct gegen die Formel SiO^2 zu sprechen.

Somit kann die Kieselsäure, den neueren Untersuchungen[*])
gemäss, nur SiO^2 geschrieben werden.

---

[*]) Vergl. auch Mittheilungen von Odling, 1859.